COMO
FAZER COM
QUE COISAS
BOAS
ACONTEÇAM

MARIAN ROJAS ESTAPÉ

COMO FAZER COM QUE COISAS BOAS ACONTEÇAM

Tradução
Luís Carlos Cabral

Copyright © Marian Rojas Estapé, 2018
Copyright © Editora Planeta do Brasil, 2021
Título original: *Cómo hacer que te pasen cosas buenas*
Todos os direitos reservados.

Preparação: Gabriel Demasi de Carvalho
Revisão: Fernanda Guerriero Antunes e Vanessa Almeida
Diagramação: Márcia Matos
Capa: Adaptada do projeto gráfico de Planeta Arte & Diseño
Imagem de capa: domnitsky / Shutterstock

Dados Internacionais de Catalogação na Publicação (CIP)
Angélica Ilacqua CRB-8/7057

> Estapé, Marian Rojas
>   Como fazer com que coisas boas aconteçam: entenda seu cérebro, gerencie suas emoções, melhore sua vida / Marian Rojas Estapé; tradução de Luís Carlos Cabral – São Paulo: Planeta, 2021.
>   224 p.
>
> ISBN 978-65-5535-367-9
> Título original: Cómo hacer que te pasen cosas buenas
>
> 1. Autoajuda 2. Autoestima 3. Emoções 4. Felicidade I. Título
>
> 21-1196   CDD 158.1

Índices para catálogo sistemático:

1. Autoajuda

2021
Todos os direitos desta edição reservados à
Editora Planeta do Brasil Ltda.
R. Bela Cintra, 986 – 4º andar – Consolação
01415-002 – São Paulo-SP
www.planetadelivros.com.br
faleconosco@editoraplaneta.com.br

Aos meus seis homens.

Sumário

O COMEÇO DE UMA VIAGEM...   11

1. DESTINO: A FELICIDADE   19
    Autoestima e felicidade   24
    A felicidade e o sofrimento   25
    O trauma   27
    A atitude do médico alivia a dor   31
    O sofrimento tem um sentido   32

2. O ANTÍDOTO PARA O SOFRIMENTO: O AMOR   35
    O amor por uma pessoa   35
    O amor pelos outros   36
    O amor pelos ideais e pelas crenças   56
    O amor pelas lembranças   57

3. O CORTISOL   61
    Conheça seu companheiro de viagem   62
    O que acontece quando você volta ao lugar do evento traumático?   64
    O que acontece quando vivemos constantemente preocupados com algo?   65
    Entendamos o sistema nervoso   66
    Os sintomas derivados desse "cortisol tóxico"   67
    Minha mente e meu corpo não distinguem a realidade da ficção   71
    Alimentação, inflamação e cortisol   72
    Qual é o papel do aparelho digestivo na inflamação?   73
    Podemos considerar a depressão uma doença inflamatória do cérebro?   75

4. NEM O QUE ACONTECEU NEM O QUE VIRÁ 79
Superar as feridas do passado e olhar para o futuro com esperança 79
A culpa 80
Como apaziguar o sentimento de culpa 83
A depressão 85
Um exemplo para a terapia 88
O perdão 90
O que é a compaixão? 97
Viver angustiado com o futuro. O medo e a ansiedade 98
Recordações com alto nível de carga emocional 103
Como enfrentar um "sequestro da amígdala" 104

5. VIVER O MOMENTO PRESENTE 111
Uma das descobertas mais fundamentais 113
Sistema de crenças 117
Capacidade de atenção, o Sistema Reticular Ativador Ascendente (SRAA) 129
Aprender a voltar a olhar para a realidade 135
Neuroplasticidade e atenção 138

6. AS EMOÇÕES E SUA REPERCUSSÃO NA SAÚDE 141
O que são as emoções? 141
A psicologia positiva 141
Um estudo com participantes surpreendentes 142
As principais emoções 143
As moléculas da emoção 144
Quem engole as emoções se engasga 145
Aprenda a expressar suas emoções 146
O que acontece com as emoções reprimidas? 149
O que o choro produz? 151
Principais sintomas psicossomáticos quando bloqueamos as emoções 152
A atitude como fator-chave da saúde 156
E... o que acontece com o câncer? 157
O que acontece nas metástases? 159
Orientações simples para administrar as emoções de forma correta 161
Os telômeros 162

7. QUE COISAS OU ATITUDES AUMENTAM O CORTISOL — 165
O medo de perder o controle — 166
Perfeccionismo — 174
Cronopatia, a obsessão por aproveitar o tempo — 178
A era digital — 182

8. COMO REDUZIR O CORTISOL — 189
O exercício — 189
Administrar as pessoas tóxicas — 191
Seis chaves para administrar a pessoa tóxica — 193
Pensamentos positivos — 195
Algumas ideias "simples" para não se preocupar tanto — 196
Meditação – *Mindfulness* — 198
Ômega 3 — 201

9. SUA MELHOR VERSÃO — 205
Quem sou eu? — 205
SMV: Sua Melhor Versão — 208
Os conhecimentos — 209
A vontade — 210
Estabelecer metas e objetivos — 211
A paixão — 212

NUNCA É TARDE PARA RECOMEÇAR. O CASO DE JUDITH, A ATRIZ PORNÔ — 215

NOTA DA AUTORA À 10ª EDIÇÃO — 219

AGRADECIMENTOS — 221

REFERÊNCIAS — 222

O COMEÇO DE UMA VIAGEM...

Uma longa viagem começa com um único passo.
Lao-Tsé

Os aviões, os trens e os meios de transporte, em geral, são lugares maravilhosos para que coisas surpreendentes aconteçam. Basta se deixar levar, observar e intervir se surgir uma boa oportunidade. As melhores histórias da minha vida surgiram em situações desse tipo.

Há alguns anos, em um voo de Nova York para Londres, eu viajava sentada na poltrona ao lado da janela. Sempre escolho esse lugar porque desfruto observando o céu, as nuvens, o mar e, sobretudo, porque gosto de recordar a insignificância do ser humano diante da imensidão da natureza, relativizando assim o que acontece com a gente na terra. Sempre presto atenção no passageiro que se senta ao meu lado. Depois de tantas horas de voo a pessoa se conecta de alguma maneira com seu vizinho. Analisa o que lê, o que vê na tela, se come, se dorme... Involuntariamente, você não consegue evitar de fazer conjecturas sobre suas circunstâncias e os motivos de sua viagem. Terá uma família? Estará viajando a trabalho? Não faltam momentos em que um se levanta e, por educação, trocam algumas palavras simples. Geralmente, no final do voo, você se despede cordialmente.

Sempre pensei na frase que diz que "basta olhar para alguém com atenção para que se transforme em uma pessoa interessante". É normal que haja uma conversa em algum momento do voo. Graças a essas interações conheci pessoas mais do que fascinantes e me aconteceram histórias que marcaram minha vida em muitos aspectos.

Neste voo específico, partindo de Nova York, me sentei ao lado de um senhor mais velho. Ele lia um jornal, e eu tirei da minha bolsa algumas anotações da faculdade. Eram de anatomia. Meus desenhos, feitos na sala de aula, não tinham qualidade – sempre desenhei mal – e enquanto tentava memorizar centenas de nomes percebi que o sujeito olhava para as minhas folhas. Sorri para ele:

– *I study Medicine.*

Ele respondeu:

– *My father is a doctor.*

Analisei rapidamente o sujeito – gosto de fazer isso desde jovem –, mas ele mantinha, apesar da cordialidade, um olhar frio e impenetrável. Fiquei curiosa e acrescentei:

– O senhor herdou a profissão de seu pai?

– Não. Sempre preferi as investigações.

– De que tipo?

– Investigo o terrorismo.

Fechei o bloco de notas. Apresentava-se a oportunidade de uma conversa que poderia ser muito interessante. Minha coleção de músculos e ossinhos estranhos continuaria ali quando chegasse em Madrid. Meu interlocutor me confessou que acabara de se aposentar depois de ter passado mais de trinta anos na CIA. Havia algum tempo se permitia falar mais "livremente" de seu trabalho e durante o resto do voo ele me explicou a guerra do Iraque e as tensões geopolíticas que aconteciam na região, as disputas pelo petróleo e pelos gasodutos, os interesses dos vários países ocidentais... Tudo isso sobre um improvisado mapa do Oriente Médio com setas para todos os lados.

Sou apaixonada por história e relações internacionais, e reconheço que não parava de fazer anotações. Em certo momento da conversa, comentei que estava estudando para ser psiquiatra. Ele observou-me com atenção e ficou em silêncio durante alguns instantes antes de me fazer perguntas muito peculiares sobre meus gostos e minha forma de ser. Não estou acostumada que me perguntem tão intensamente a meu respeito, já que sou eu quem costumo fazer essas perguntas, mas tentei responder da maneira mais sincera possível.

Depois de uma pausa, ele me propôs que estagiasse na CIA quando concluísse meus estudos e fizesse algum tipo de trabalho como psiquiatra legista ou de investigação. Nesse momento meus olhos se iluminaram; me parecia um mundo apaixonante. Sorri e acrescentei:

– Sim, desde que não tenha que ir a campo, pois sou um pouco medrosa.

Deixou-me seus contatos e nos despedimos. Escrevi-lhe várias vezes e nos correspondemos por e-mail durante vários anos.

Para o azar do leitor, nunca cheguei a trabalhar na CIA, já que a vida me levou por outros caminhos, mas guardo em minha carteira até hoje o cartão do meu "amigo analista", que me recorda que as oportunidades estão perto, mas é necessário sair para procurá-las.

Em minha opinião, poucas frases fizeram mais mal do que aquela que diz que "virá quando você menos espera". Ninguém virá bater em nossa porta para nos propor o projeto de nossa vida. É necessário ir ao seu encontro.

Uma das coisas que provoca mais angústia é a incapacidade de saber a que devo me dedicar ou o que escolher. Decidir se apresenta como um desafio impossível. Vivemos em um mundo repleto de oportunidades; nunca tivemos tanto ao nosso alcance com tão pouco. Estamos no momento de maior estímulo da história; hoje em dia, qualquer criança de 7 anos recebeu mais estímulos – música, som, comidas, sabores, imagens, vídeos... – do que qualquer outro ser humano que tenha povoado antes a Terra.

Essa superestimulação dificulta a tomada de decisões. A juventude de hoje – os famosos *millennials*, aos quais meio que pertenço – está atordoada, sem saber como decidir e para onde ir. No âmbito profissional, os vários lugares onde a pessoa pode iniciar seus estudos e, depois de concluí-los, as opções profissionais que se apresentam são incontáveis e parece impossível escolher. De repente surge uma legião de possibilidades e a pessoa fica sem saber para onde direcionar sua vida. É a sociedade da confusão e da dificuldade de compromisso. Vejo cada vez mais jovens "bloqueados", sem saber, porque para decidir precisam sentir.

Os *millennials* vivem repletos de emoções e sentimentos que os levam a precisar de uma gratificação constante para avançar. Falaremos mais adiante disso para compreender melhor o que está acontecendo na mente de muitos jovens. Existe um hiato claro entre duas gerações que convivem: os nascidos antes dos anos 1980 e os nascidos depois dos 1990. Nós que estamos entre os 1980 e os 1990 vivemos em uma época de transições importantes.

Os anteriores aos 1980, em geral, lutaram muito; muitos provêm de filhos das guerras e carregaram seus familiares; e o mais importante: o mundo digital, a internet e as redes sociais os pegaram depois da adolescência. Isto é essencial. Suas relações pessoais, sua maneira de trabalhar e enfrentar a vida, assim como suas crenças, são baseadas em outros conceitos – não me refiro a ideologias concretas, mas à maneira como são constituídas.

Depois dos 1990 aconteceu algo decisivo: o advento da internet. Neste livro entenderemos qual é o impacto provocado pelo bombardeio de estímulos ao qual estão submetidos, desde que nascem, os mais jovens em nossa sociedade atual, assim como o efeito das redes sociais e o sistema de gratificação do cérebro, razão pela qual estamos diante de uma geração profundamente insatisfeita. Para motivá-los – nos âmbitos educacional, emocional, afetivo, profissional e econômico – com frequência são necessários estímulos cada vez mais fortes, mais intensos.

Como fazer com que coisas boas aconteçam requer vários elementos. Na vida há instantes muito difíceis nos quais o importante é sobreviver e encontrar algum apoio para se segurar. No resto do tempo, temos que lutar para chegar à SMV – Sua Melhor Versão[1]. Falaremos da atitude e do otimismo; a forma com que enfrentamos a vida tem um grande impacto sobre aquilo que nos acontece. A predisposição, a atitude prévia diante de qualquer situação, determina como respondemos a ela.

Anos de experiências demonstram que a maneira como a pessoa decide responder aos problemas e questões que se apresentam a cada dia influi no resultado. O cérebro, os fatores fisiológicos, os genes, as células, os sentimentos, as emoções, os pensamentos funcionam como um todo. As doenças físicas têm, em muitos casos, uma relação direta com as emoções, e sempre podemos tentar canalizar o efeito que uma enfermidade física produz em nosso estado de ânimo. Para entender o cérebro, tentaremos simplificar o complexo. **Entendendo nosso cérebro, gerenciando nossas emoções, melhoramos nossa vida**. Hoje, a neurociência, concretamente a neurobiologia e o que denominamos de inconsciente – desde as emoções até a profundidade de nossa psique – explicam grande parte do nosso comportamento.

Este livro trata da felicidade, porque todos ansiamos por encontrá-la; mas o sucesso é o grande mentiroso. Em meu consultório, em muitas ocasiões, tenho a oportunidade de admirar pessoas que diante de histórias de sofrimento, dor e fracasso foram capazes de superá-las. O

---

1 Veremos esta equação, a SMV, no capítulo 9. (N. A.)

fracasso, ensina o que o sucesso esconde, diz o grande mestre da minha vida, meu pai.

Neste livro quero tentar explicar não apenas os problemas da mente, do coração e do corpo, mas, sobretudo, os aspectos bons e saudáveis de nossa vida; aquilo que possa ajudar o leitor a ter uma melhor saúde de alma e de corpo e assim, talvez, nos aproximar da tão sonhada felicidade.

Aqui começa um caminho apaixonante para nos entendermos e nos reinventarmos. Sempre existe uma segunda possibilidade de voltar a ter esperanças e projetar um caminho melhor para cada um.

CAPÍTULO 1

DESTINO: A FELICIDADE

A felicidade não se define, "se experimenta". Para conhecê-la é necessário tê-la sentido e, uma vez que você a sentiu, as palavras não dão conta de explicá-la. Apesar disso, vamos tentar nos aproximar dela a partir de diferentes ângulos.

A primeira ideia que quero apresentar é a seguinte: não há manuais nem atalhos que assegurem a felicidade. Criticam-se muito os livros de autoajuda que prometem a felicidade com uma receita rápida, mas a verdade é que atualmente contamos com um monte de estudos e dados científicos que nos aproximam com certa precisão do nível de bem-estar físico e psicológico indispensável para ser feliz.

Nós, os psiquiatras, estudamos as doenças mentais, ou melhor, estudamos as pessoas que sofrem de transtornos da mente ou do estado de ânimo. Nossa comunidade científica promove com muita frequência congressos a respeito dos mais variados assuntos: sobre o cérebro ou suas regiões concretas, sobre elementos neuronais e a fisiologia que há por trás deles, sobre as causas internas ou externas que facilitam as doenças psiquiátricas ou sobre como melhorar a confiabilidade dos diagnósticos e dos mais recentes tratamentos experimentais. Em geral, tratamos os males da mente a partir dos enfoques científicos possíveis.

Desde jovem minha vocação foi a de curar e ajudar pessoas que sofrem de tristeza e angústia, e isso tem me levado a pesquisar a felicidade, o prazer, o amor, a compaixão e a alegria, e a me fazer uma série de perguntas difíceis de responder: por que há pessoas que têm a tendência de sofrer e de se queixar, qualquer que seja a sua situação? A sorte existe ou ela não é tão aleatória como parece? Qual é a importância da carga genética na configuração da mente e do caráter das pessoas? Que fatores me predispõem – ou indispõem – a ser mais feliz? A pesquisa sobre esses temas me levou a percorrer caminhos heterogêneos e a leituras extremamente sugestivas.

Nossa sociedade atual é, comparativamente, mais rica do que nunca. Jamais tivemos tanto como agora. Nossas necessidades estão atendidas e podemos dispor de quase qualquer coisa; na maior parte dos casos a apenas um clique de distância. Como consequência, e embora não seja desejável e devamos fugir disso, estamos banalizando essa superabundância.

Às vezes achamos que merecemos tudo, uma coisa para a qual contribui o materialismo imperante que nos leva a pensar que é bom que tenhamos acesso a tudo o que desejamos. No entanto, nenhum acúmulo de coisas pode proporcionar por si só o acesso à felicidade, a esse estado interno de plenitude.

A felicidade consiste em ter uma vida perfeita, em tentar tirar o melhor proveito de nossos valores e aptidões. A felicidade é transformar a vida em uma pequena obra de arte, esforçando-nos a cada dia para chegar à nossa melhor versão.

> A felicidade está intimamente relacionada ao sentido que damos à nossa vida, à nossa existência.

Como vemos, o primeiro passo para tentarmos ser felizes é saber o que pedimos à vida. Em um mundo que perdeu o sentido, que está desorientado, tendemos a substituir "sentido" por "sensações". A sociedade sofre um grande vazio espiritual que se tenta suprir com uma busca frenética de sensações, tais como satisfações corporais, sexo, comidas, álcool etc. Existe uma necessidade insaciável de experimentar emoções e sensações novas cada vez mais intensas. Não há nada de ruim *per se* nas relações sexuais, em uma gastronomia refinada ou no prazer propiciado por um bom vinho... Estou falando de quando a procura por essas sensações substitui o verdadeiro sentido da vida. Nesses casos de desorientação, a acumulação de sensações produz uma gratificação momentânea, enquanto o vazio em nosso âmago cresce como um buraco negro, apoderando-se paulatinamente de nossa vida, o que leva, de maneira inevitável, a rupturas psicológicas ou comportamentos destrutivos.

Só então, quando o dano já está feito, a pessoa afetada ou alguém de seu entorno tomam consciência de que superá-lo é maior do que suas forças e procuram ajuda externa. Aparece então o trabalho do psiquiatra ou do psicólogo para ajudar a recompor essa vida.

O ser humano procura ter e relaciona a felicidade com possuir. Passamos a vida buscando ter estabilidade econômica, social, profissional, afetiva... Ter segurança, ter prestígio, ter coisas materiais, ter amigos... A felicidade verdadeira não está em ter, e sim em ser. Nossa forma de ser é a base da verdadeira felicidade.

> **Atenção!**
> Cuidado com a felicidade light, essa que nos é vendida como se estivesse ao alcance de todos com um clique. Algo não está funcionando bem nesse conceito materialista, quando 20% da nossa sociedade toma remédios por transtornos de humor.

Se acumular bens materiais não é a solução para ser feliz, qual é? Na minha opinião, neste mundo tão mutável e em plena evolução, a felicidade passa, necessariamente, por voltar aos valores. E o que são os valores? Aquilo que nos ajuda a ser pessoas melhores e nos aperfeiçoa. É básico e se transforma em guia nos momentos de caos e incerteza.

Quando a pessoa se perde e não sabe para onde ir, ter alguns valores, algumas diretrizes claras, ajuda o barco a não afundar. Já dizia Aristóteles em *Ética a Nicômaco*: "Sejamos com nossas vidas como um arqueiro que tem um alvo". Hoje em dia não existem alvos para onde apontar, todos os arqueiros foram extintos e as flechas voam, caóticas, em todas as direções.

Para entender qual é o mundo que enfrentamos, gosto deste acrônimo introduzido pelo US Army War College: VUCA, que nos situa de forma sociológica no contexto.

Volatilidade, incerteza, complexidade e ambiguidade (VUCA, na sigla em inglês: *Volatility, Uncertainty, Complexity* e *Ambiguity*). Essa noção foi usada para descrever a situação do mundo depois do fim da Guerra Fria. Atualmente, é usada em liderança estratégica, em análises sociológicas e na educação para descrever condições socioculturais, psicológicas e políticas.

A volatilidade se refere à velocidade das mudanças. Nada parece ser estável: os portais de notícias mudam a cada poucos segundos para prender a atenção dos leitores, as tendências de roupas e lugares da moda podem se modificar em questão de dias, a economia e a bolsa flutuam em questão de horas...

A incerteza; poucas coisas são previsíveis. Os acontecimentos se sucedem e a pessoa pode se sentir impactada pela inconstância da situação. Apesar de existirem algoritmos que tentam adiantar ou prever o futuro, a realidade acaba superando a ficção. A complexidade se explica porque nosso mundo está interconectado e o nível de precisão em todos os campos do saber humano é quase infinitesimal. Até os mais mínimos detalhes influem no resultado da vida – o famoso efeito borboleta da teoria do caos. A ambiguidade – que eu conectaria com o relativismo – não deixa espaço para uma clareza de ideias. Tudo pode ser ou não ser. Não existem ideias claras sobre quase nenhum aspecto.

Sempre achei a psiquiatria uma profissão maravilhosa. É a ciência da alma. Ajudamos as pessoas que vêm até nós para pedir ajuda a entender como funciona sua mente, como processam as informações, suas emoções e seu comportamento. Tentamos restaurar as feridas do passado ou aprender a administrar situações difíceis ou impossíveis de controlar. Atualmente existem diversos livros que ensinam a ter mais foco na vida e a administrar várias questões. Como em tudo, é preciso saber filtrar e, principalmente, encontrar o tipo ou estilo que mais nos convém. Os psiquiatras e psicólogos devem se adaptar a seus pacientes, entender seus silêncios, seus momentos, seus medos, suas preocupações, sem julgar, com ordem e sossego, sabendo transmitir serenidade e otimismo.

Me fascina entender e saber como pensamos, as causas das nossas reações e o que são as emoções e como elas se refletem na mente. Afinal, a felicidade tem muito a ver com a maneira como eu me observo, analiso e julgo, e com o que eu esperava de mim e da minha vida; ou seja, resumindo em uma frase, a felicidade está no equilíbrio entre minhas aspirações pessoais, afetivas, profissionais e o que fui pouco a pouco conseguindo. Isto tem um resultado: uma autoestima adequada, uma avaliação adequada de si mesmo.

O CASO DE MAMEN

Mamen é uma paciente de 33 anos. Trabalha como administradora em uma grande empresa. Vive com seus pais, com os quais se dá bem. Tem um namorado, um rapaz tímido e retraído que cuida bem dela. O ambiente em seu trabalho é bom e de vez em quando ela sai com seus colegas.

Um dia ela aparece no meu consultório. Diz que sua autoestima está no chão. Não sabe explicar a razão e acrescenta:

— Meus pais me amam, gosto do meu trabalho, tenho amigos, mas me acho insignificante.

Depois de me relatar de forma resumida sua biografia, de repente fica calada e me diz:

— Tenho vergonha de estar aqui, contando meus problemas a uma desconhecida, eu que, a princípio, não tenho nada de que me queixar.

Levanta-se, se dirige à porta e vai embora. Vou atrás dela e lhe digo que volte, é melhor que terminemos a sessão porque, se ela está triste ou desgostosa, algo dentro dela não funciona. Por fim se acalma e aceita voltar.

A terapia já dura oito meses. Está muito melhor, mas sei que todos os dias, em plena consulta, tem o que eu chamo de "seu momento". Fica agoniada, me confessa:

– Tenho vergonha de estar aqui, contando minha vida para uma desconhecida.

E tenta ir embora. Tem dificuldade de aceitar que está compartilhando sua vida com outra pessoa. Pouco a pouco vai se dando conta e ela mesma raciocina em voz alta sobre os motivos que a fazem ter de resolver certos conflitos internos que a impedem de crescer:

Em qualquer situação, você pode dizer a alguém que age assim:

– Não precisa voltar; quando se sentir confortável me ligue e marque uma consulta.

Mas aceito o momento dela e, sem julgar, continuo a sessão como se não tivesse dito nada.

AUTOESTIMA E FELICIDADE

A autoestima e a felicidade estão intimamente relacionadas. Uma pessoa em paz, que tem certo equilíbrio interno e desfruta as pequenas coisas da vida, normalmente terá um nível de autoestima adequado.

Personagem sem problemas de autoestima

Miguel de Unamuno foi um dos grandes autores da geração de 1898. Possuía uma personalidade bonachona e descontraída, conhecida por todos. Certa vez foi condecorado com a Grande Cruz de Alfonso X, o Sábio, entregue pelo próprio rei Alfonso XIII.

Unamuno, que era militante do Partido Socialista e republicano, no momento da entrega da comenda comentou:

– Honra-me, majestade, receber esta cruz que tanto mereço.

O rei, surpreso, mas conhecendo a personalidade do escritor, respondeu:

– Que curioso! Em geral, a maioria dos agraciados garantem que não a merecem.

Unamuno, com sua habitual descontração, respondeu, sorrindo:
– Senhor, o fato é que os outros, efetivamente, não a mereciam.

A FELICIDADE E O SOFRIMENTO

Dizem que ninguém sabe o que é a felicidade até perdê-la. Diante da dor, do sofrimento, dos problemas financeiros, sai de dentro da gente: "Não sou feliz! Que sofrimento! Que azar o meu!". Nessas ocasiões temos dificuldades de vislumbrar momentos de felicidade do nosso passado, apreciar lampejos de alegria que nos preencheram em algum momento.

A vida é um constante recomeço, um caminho no qual a pessoa atravessa situações alegres e até instantes de felicidade, mas também momentos difíceis. Para ser feliz é preciso ser capaz de se recuperar o máximo possível dos traumas e dificuldades. A razão é simples: não existe uma história de vida sem feridas. As derrotas e como encará-las são o fator mais decisivo em qualquer trajetória. O ser humano, ao longo de toda sua vida, atravessa momentos muito exigentes e difíceis, e por isso não poderá ser feliz se não aprender a superá-los ou, pelo menos, tentar vencê-los.

Como psiquiatra, em meu consultório, tratei de todo tipo de traumas e tenho consciência, ao escrever estas linhas, de que existem biografias muito duras, algumas muito mais do que outras. Há aspectos alheios a nós mesmos que não podemos mudar. Não podemos escolher grande parte do que nos acontecerá na vida, mas somos absolutamente livres, todos e cada um de nós, para escolher a atitude com a qual enfrentá-la. Recebemos algumas cartas, umas melhores, outras piores, mas são as que temos e precisamos jogá-las da melhor maneira possível.

O homem precisa de ferramentas para superar as feridas e os traumas do passado. Os episódios que nos arrasam física e psicologicamente vão deixando uma marca importante em nossa biografia. A maneira como nos sobrepomos e recomeçamos marca nossa personalidade em muitos aspectos. Esse talento nasce de uma força interior que todos temos desenvolvida em maior ou menor medida: a resiliência.

O conceito de resiliência foi popularizado pelo médico francês Boris Cyrulnik, psiquiatra, filho de emigrantes judeus de origem ucraniana, nascido em Bordeaux em 1937. Depois da ocupação nazista, quando tinha apenas 5 anos, seus pais foram presos e deportados para campos de extermínio, mas ele fugiu, ficou escondido em vários lugares e finalmente foi acolhido em uma fazenda sob a identidade fictícia de um menino não judeu chamado Jean Laborde. Depois da guerra, a família que o acolhera incentivou-o a estudar Medicina e se especializar em Psiquiatria.

O jovem Boris logo percebeu que, através de sua biografia, poderia entender as causas dos traumas e rupturas emocionais, podendo assim ajudar os outros, fundamentalmente crianças, a se refazer depois de experiências como essas.

> O dicionário da RAE (Real Academia Espanhola) define, em um de seus verbetes, a palavra resiliência como a "capacidade de um material, mecanismo ou sistema de recuperar seu estado inicial depois de ter cessado a perturbação a que estivera submetido". Cyrulnik ampliou o significado do conceito para "a capacidade do ser humano de se recuperar de um trauma e, sem ficar marcado pelo resto da vida, ser feliz".

A resiliência nos envia uma mensagem de esperança. Antes se acreditava que os traumas sofridos na infância eram indeléveis e perduravam, marcando decisivamente a trajetória da criança afetada. Como podemos superar essas feridas tão profundas e dolorosas? A chave está na solidariedade, no amor, no contato com os outros; definitivamente, nos afetos.

Cyrulnik, ao longo de sua pesquisa, fornece inúmeros exemplos a respeito. Na Universidade de Toulon – onde é professor – trabalhou com doentes de Alzheimer; muitos deles haviam esquecido as palavras, mas não os afetos, a música, os gestos ou as demonstrações de carinho. Cyrulnik insiste na flexibilidade da psique. Antes se acreditava que uma pessoa ficava marcada pela dor e pelo sofrimento. Quando um indivíduo supera esse trauma, essa ferida, se transforma em alguém resiliente.

Nesse processo de ajuda é fundamental não o culpar pelos erros do passado e dar-lhe apoio e carinho. Existem diversas terapias para isso.

Há alguns anos trabalhei no Camboja tirando meninas da prostituição infantil. Foi, claramente, um dos momentos que marcaram minha vida da maneira mais importante.

Dediquei-me a andar pelos bordéis do Camboja resgatando meninas em condições deploráveis. Recordo nitidamente de uma menina de 13 anos, recém-resgatada de uma rede de prostituição, que me perguntava com o olhar perdido:

– Serei capaz de levar uma vida normal e de desfrutar de alguma coisa?

A mensagem de esperança está aí; a ciência a explica, minha experiência me ensinou. Existem métodos de cura que saram as feridas mais profundas. Ao longo destas páginas contarei como acabei colaborando nesse projeto tão apaixonante no Camboja e algumas das histórias que marcaram minha vida. Todo o caminho que percorri me ajudou a entender melhor o cérebro humano e, com ele, o sofrimento e, em última instância, o caminho para a felicidade.

O TRAUMA

Um acontecimento traumático destrói a identidade e as certezas de alguém a respeito dos outros e do mundo. Essa ruptura é o começo do que chamamos de trauma. Cyrulnik definiu que para que soframos um trauma tem de se cumprir a teoria do duplo golpe. O primeiro golpe seria o evento perturbador propriamente dito, o acontecimento traumático em si; mas para que este se assente com a vida é necessário sobrevir um segundo golpe, que provém de certos comportamentos do entorno que, em grandes traços, podem implicar recusa ou abandono, estigmatização, asco, menosprezo ou humilhação, sendo a incompreensão um fenômeno comum a todos eles.

Segundo Boris Cyrulnik, os pilares da resiliência são três:

- ✓ O contexto pessoal. Contar com ferramentas internas desde o nascimento; a afeição segura. É uma das prevenções mais poderosas que existem para superar um trauma.

- ✓ O contexto familiar e social. O tipo de apoio que outorgam os cuidadores, pais e pessoas afetuosas. Esses são elementos-chave para superar um trauma doloroso (aqui entra em jogo o segundo golpe de forma importante).

- ✓ O contexto social. Ou seja, contar com apoio social e legal nesses momentos, o apoio da comunidade, mitiga o trauma e fortalece a vítima.

> Cyrulnik[2]: "Imagine-se que uma criança teve um problema, que recebeu um golpe, e quando conta o problema a seus pais eles deixam escapar um gesto de desgosto, de reprovação. Nesse momento transformaram seu sofrimento em trauma".

O CASO DE LUCÍA

Lucía é uma menina de 6 anos. Vive com seus pais e seus irmãos de 7 e 2 anos. Frequenta o colégio de seu bairro e é uma criança muito feliz e com grande capacidade criativa.

Um dia, em uma festa de aniversário na casa de um amigo do colégio, vai ao banheiro. Ao entrar, vê que lá dentro está o pai de um menino de sua classe. Fica do lado de fora e pede desculpas de forma educada. O sujeito em questão – não merece outro nome – lhe diz de forma amável que entre. Desce as calças e pede a Lucía que o toque.

---

2 Borys Cyrulnik, *Muy Interessante*, nº 252, maio de 2012. (N. A.).

A menina, assustada, obedece. Ato contínuo, ele tira sua calcinha e enfia a mão por baixo do vestido[3]. Paralisada, Lucía não consegue falar nem gritar.

O sujeito ameaça a menina para que não conte nada a ninguém ou machucará a ela e seus irmãos. Lucía sai do banheiro e se esconde para chorar em um canto. Seus pais não estão na festa, mas espera que eles cheguem o quanto antes.

Meia hora depois, vê que estão entrando na casa. Observa que o sujeito do banheiro se aproxima e de forma amável os cumprimenta, lhes diz que sua filha se comportou muito bem e é muito educada. Lucía começa a suar, quer chorar. O sujeito se aproxima, segura sua mão e lhe diz:

– Seus pais estão aqui, já lhes disse que você se comportou muito bem. Dê um beijinho em seus irmãos quando os encontrar.

Para Lucía não há dúvida e, ao subir no carro, a primeira coisa que faz é contar a seus pais o que acontecera. Não acreditam, mas a ouvem com extrema atenção. Dois dias depois vão ao meu consultório para pedir um conselho e perguntar como devem agir. Duvidam que seja verdade, mas não querem, de maneira nenhuma, ferir mais a menina.

Tratei Lucía durante seis meses. Tinha pesadelos, temia lidar com homens mais velhos, se sentia triste, não queria ir ao colégio.

Desde o primeiro momento ficou claro que seus pais a apoiavam. O caso foi levado à Justiça e ela aprendeu a melhorar suas forças interiores. Hoje é uma menina saudável, feliz, de 13 anos. Há poucos meses veio me ver no consultório para me contar que vai passar uma temporada na Irlanda estudando inglês. Suas palavras de despedida foram:

– Não tenho mais medo, superei tudo. Quero agradecer por ter me apoiado, por acreditar em mim e por fortalecer a relação com meus pais; sei que duvidaram de mim durante alguns instantes; o fato de terem me apoiado até o final e de você ter me tratado desde o início me livrou de um grande trauma para sempre.

---

3 Evito dar mais detalhes para não ferir a sensibilidade do leitor. (N. A.)

> Ser feliz é ser capaz de superar as derrotas e se reerguer depois.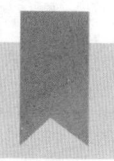

Às vezes o presente pode ser um pesadelo. Em alguns casos a pessoa quer fugir para o futuro. Em outros momentos, se bloqueia e fica paralisada em alguma recordação ou evento passado traumático. Permanecer no passado nos transforma em pessoas amargas, incapazes de esquecer o dano cometido ou a emoção sofrida.

Todos passamos por etapas nas quais percebemos que precisamos de uma pausa para recuperar as forças depois de uma temporada muito exigente, física ou psicologicamente, ou só para voltar a tentar atingir uma meta que não atingimos. Nesses momentos de paralisação, sobretudo no começo das férias, afloram a tensão e o esgotamento. A pessoa se sente mais vulnerável do que nunca. Essa vulnerabilidade não é apenas psíquica; quando relaxamos o corpo depois de uma temporada de esforço se produz uma baixa generalizada de nossas defesas que favorece que se contraiam resfriados, gripes ou outras doenças.

São exatamente esses momentos pós-tensão os mais importantes em nossa trajetória psicológica, já que em função de como os enfrentamos podem sobrevir importantes desajustes mentais. Devemos ficar bem vigilantes nessas temporadas porque com frequência é ao frear as atividades, ao ter tempo, que paramos para pensar e que podemos perceber que nossa saúde psicológica está em risco por alguma coisa que aconteceu. De qualquer forma, as batalhas são vencidas por soldados cansados; as guerras, pelos mestres da força interior. Essa força interior nos ajudará a superar os problemas, e se cultiva aprendendo a dominar o eu interior, os pensamentos do passado ou as inquietudes do futuro que nos atormentam e nos impedem de viver de forma equilibrada no presente.

O tempo não cura todas as feridas, mas, sim, afasta o mais doloroso do centro da mira. O sofrimento é, portanto, uma escola de força. Quando essa torrente que emana do sofrimento é aceita de maneira "saudável", a pessoa adquire um domínio interior importante e fundamental para a vida.

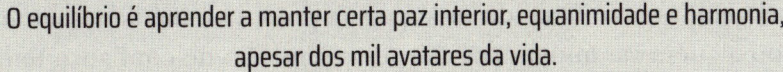

> O equilíbrio é aprender a manter certa paz interior, equanimidade e harmonia, apesar dos mil avatares da vida.

Depois do golpe, é necessário retomar as rédeas da própria vida para alcançar o projeto de vida que a pessoa traçou para si. Sermos senhores de nossa história pessoal. O simples é agir nas distâncias curtas, viver nos limitando a reagir aos anárquicos impulsos externos que nos afetam, deixando-nos levar; o desejável, embora complexo, é projetar a vida com objetivos de longo prazo, de maneira que, mesmo que algo nos desvie, possamos nos redirecionar para nossa meta. Quem não tem esse projeto, quem não conhece em que quer se transformar, e que não encontra sentido em sua vida, não pode ser feliz.

A solução não está nos comprimidos. A medicação é chave para momentos de bloqueio quando o próprio organismo é incapaz de se recuperar por si só, ou quando as circunstâncias são tão adversas que precisamos de um apoio extra para não desabar. A medicação regula as substâncias em excesso ou falta no cérebro. Não suplanta a função cerebral ou anímica, mas permite que você possa sentir ou realizar essa função quando esta lhe falha.

A medicação oferece soluções, mas existe outra terapia que é efetiva e ajuda: a atitude do médico. Algumas palavras de esperança, uma escuta real e verdadeira, possuem um efeito de cura importante.

A ATITUDE DO MÉDICO ALIVIA A DOR

Um artigo publicado em maio de 2017 pelo *The Journal of Pain* tratava da importância da atitude do médico durante as consultas. Ficou demonstrado que, quando um paciente procura um médico em quem confia, a sensação de dor diminui. O médico age como se fosse um placebo. Por exemplo, o que acontece quando o médico veraneia no mesmo lugar do paciente e tem gostos semelhantes ao dele? Elizabeth Losin, pesquisadora da Universidade de Miami, observou que o sentimento de conexão social, educativo, cultural ou religioso contribui para que a dor do paciente não seja tão intensa. Quando uma pessoa procura o médico e sente que algo ou alguém vai mitigar sua dor, essa sensação de confiança tem um efeito positivo. O cérebro, diante desse pensamento de alívio e esperança, libera substâncias químicas tipo endorfinas que mitigam sua dor.

Muitas vezes acontece de alguém, quando recorre a seu médico de confiança, a seu terapeuta de sempre ou a um especialista em suas dores, depois de lhe explicar as moléstias, perceber, de maneira automática, uma melhora dos sintomas.

O médico deve ser uma "pessoa vitamina" para seus pacientes. Em um mundo como o de hoje, onde existe um sistema de saúde abarrotado, isso não é fácil. Não há tempo. Muitas vezes é mais simples, prático e eficiente curar os sintomas com pílulas. Às vezes bastam um sorriso, um comentário positivo ou uma frase de esperança sobre o desenvolvimento da doença.

O SOFRIMENTO TEM UM SENTIDO

A sociedade atual foge dele e quando alguém é afetado por ele surgem as perguntas: eu mereço? É culpa dos meus erros do passado? Por que Deus permite que isso aconteça? Vejamos alguns pontos interessantes do sofrimento que podem nos ajudar.

A DOR POSSUI UM VALOR HUMANO E ESPIRITUAL

Pode nos elevar e tornar-nos pessoas melhores. Conhecemos muitas pessoas que depois de um golpe foram capazes de endireitar suas vidas e procurar alternativas, agradecendo *a posteriori*! Não é raro encontrar aqueles que, depois de uma experiência superficial e conformista, foram transformados ao sofrer um duro revés.

O SOFRIMENTO NOS AJUDA A REFLETIR
Nos leva ao fundo de muitas questões que nunca havíamos imaginado. A dor, quando aparece, nos impele a clarificar o sentido de nossa vida, de nossas convicções mais profundas. As máscaras e aparências se diluem e surge o nosso verdadeiro eu.

A DOR AJUDA A ACEITAR AS PRÓPRIAS LIMITAÇÕES
Transformamo-nos em seres mais vulneráveis e caímos do pedestal no qual nós havíamos ou nos haviam colocado. Então devemos baixar a cabeça e reconhecer que precisamos da ajuda e do carinho ou do apoio de outros; que sozinhos não conseguiremos. Compartilhar nossas limitações com o outro pode ser o primeiro passo para a simplicidade e a superação das calamidades sofridas. A consciência das próprias limitações reforça nossa solidariedade, a empatia com a dor do outro e, em última instância, o amor pelo próximo.

O SOFRIMENTO, PORTANTO, TRANSFORMA O CORAÇÃO
Depois de uma etapa difícil, com a dor como protagonista, o indivíduo se aproxima da alma de outras pessoas. É capaz de ter empatia e de entender melhor aqueles que o cercam. Quando alguém se sente amado, sua vida muda, se ilumina e passa a transmitir essa luz. O amor verdadeiro se potencializa com a dor saudavelmente aceita, pois nos liberta do egoísmo. Quem ganha em empatia é mais "amável" – se deixa amar – e transforma seu habitát em um lugar mais acolhedor para viver.

O SOFRIMENTO PODE SER O CAMINHO DE ENTRADA PARA A FELICIDADE
Quando a pessoa mostra vontade de consegui-la e possui as ferramentas para isso. A dor conduz ao verdadeiro amadurecimento da personalidade, à entrega aos demais e a um maior conhecimento de si mesmo.

 Só existe um antidoto para o sofrimento, a dor e a doença: o amor.

Vamos explorar o interior do ser humano, entender os pensamentos e as emoções que nos dominam e como nosso cérebro responde ao estresse ou ao conflito. Leva-se tempo a chegar ao que é simples. Comecemos.

CAPÍTULO 2

O ANTÍDOTO PARA O SOFRIMENTO: O AMOR

Vamos dividir este capítulo em cinco grandes amores:

- ✓ O amor "saudável" por si mesmo: a autoestima[4].
- ✓ O amor por uma pessoa.
- ✓ O amor pelos outros.
- ✓ O amor pelos ideais e pelas crenças.
- ✓ O amor pelas lembranças.

O AMOR POR UMA PESSOA

> *Não há homem tão covarde a quem o amor não torne valente e o transforme em herói.*
> PLATÃO

---

[4] Tratamos deste tema no primeiro capítulo. (N. A.)

Apaixonar-se é a maior coisa que existe. Tudo se transforma quando um coração se sente apaixonado por outra pessoa! No fundo de cada um existem maravilhas e tesouros que se revelam quando alguém ama de verdade. Não há ser humano que o amor não transforme em alguém mais apaixonado e cheio de vida. O ser humano precisa amar. O amor é a grande questão da vida.

> Apaixonar-se marca a pessoa para sempre, e os sentimentos mais intensos da vida se sentem por amor.

Não é objetivo desta obra tratar do amor conjugal, mas quando alguém está apaixonado de forma saudável isso afeta de forma positiva todas as facetas da vida.

O AMOR PELOS OUTROS

A solidariedade e o voluntariado, o entregar-se ao outro, são fatores que protegem a mente e o corpo. Sentir-se querido e acompanhado é uma das chaves para ser feliz. Na vida, a maior parte das relações, dos acordos, das interações, dos momentos de diversão e prazer está relacionada com nossa interação com outros. Para que funcionem bem uma relação conjugal, um negócio, uma empresa ou as relações familiares – nossa família de origem ou família política – é fundamental que as relações entre os indivíduos envolvidos sejam fáceis, ou pelo menos relativamente saudáveis.

Às vezes determinadas pessoas do seu entorno lhe caem mal e sua mera presença o incomoda. Se isso não mudar, você corre o risco de que elas se transformem em seres tóxicos. Se ao conviver com certas pessoas você percebe constantemente um ambiente hostil e tenso que o faz ficar em estado de alerta, isso pode levá-lo a adoecer ou a sofrer profundamente. Essas pessoas são para você "vampiros emocionais" porque o jogam para baixo de forma efetiva. Instintivamente, tendemos a nos relacionar e fomentar a amizade com aqueles com os quais seja positivo e saudável manter uma relação, e isso tanto nas amizades como no âmbito familiar ou profissional. Rechaçamos os que são hostis e negativos, que sempre têm algo venenoso a acrescentar.

Robert Waldinger é um psiquiatra norte-americano responsável pelo melhor estudo sobre a felicidade que foi feito até agora. Trata-se de uma experiência longitudinal que se manteve até a atualidade e que começou estudando as vidas de dois grupos de homens: um primeiro grupo que, em 1938, era formado por alunos do segundo ano da Universidade Harvard e um segundo de rapazes dos bairros mais pobres e marginais de Boston. A meta era estudar a vida das pessoas desde a adolescência até a idade adulta com o objetivo de determinar o que as fazia felizes. Durante 75 anos perguntaram aos participantes da pesquisa sobre seu trabalho, sua vida familiar e sua saúde. Até hoje participam da pesquisa 70 dos 724 que a iniciaram – a maioria já tem mais de 90 anos – e agora se começa a estudar os mais de 2 mil filhos que esses sujeitos tiveram.

No começo do estudo foram entrevistados os jovens, assim como seus pais. Foram submetidos a exames médicos, a reuniões com seus familiares, acompanhamento de sua história clínica, exames de sangue, escaneamento do cérebro... Que conclusões foram extraídas da pesquisa? Os resultados surpreenderam os pesquisadores. Não há lições sobre a riqueza, a fama ou de como é importante se esforçar muito no trabalho. Nem sequer no ambiente fisiológico ou médico. A mensagem é tão clara e simples como esta: as boas relações nos tornam mais felizes e mais saudáveis.

Graças a esse estudo foram aprendidas três coisas a respeito das relações humanas:

♡ As conexões sociais nos beneficiam e a solidão mata. Dito assim parece forte, mas é verdade: a solidão mata. As pessoas com mais vínculos com a família, amigos ou a comunidade são mais felizes, mais saudáveis e vivem mais tempo do que aqueles que têm menos relações. A solidão demonstrou ser profundamente tóxica. Os indivíduos que vivem isolados são, estatisticamente, menos felizes e mais suscetíveis a piorar de saúde na meia-idade, suas funções cerebrais decaem de forma precitada na velhice e morrem antes. É um assunto grave e urgente que deveria ser considerado levando em conta que em nossa sociedade o perfil solitário vai ficando cada vez mais e mais frequente. Em 2017 foram feitos estudos que vinculam a solidão à doença de Alzheimer e outras demências.

♡ O importante não é o número de vínculos sociais, mas a sua qualidade, e, quanto mais próximos, é mais importante que sejam de qualidade. Viver imersos em um conflito é prejudicial à saúde. Os casamentos muito conflituosos ou sem muito afeto são extremamente perniciosos. Mas, ao contrário, viver com relações boas e calorosas proporciona proteção. No estudo não foram os níveis de colesterol os que predisseram como envelheceriam os participantes do estudo, e sim, simplesmente, o grau de satisfação que tinham em suas relações. Aqueles que se sentiam mais satisfeitos aos 50 anos eram os mais saudáveis ao chegar aos 80.

♡ As boas relações não protegem apenas o corpo, mas também o cérebro. É uma coisa que poderia ter sido intuída, mas foi demonstrada pela pesquisa. Ter uma relação de afeto verdadeiro com outras pessoas durante a velhice proporciona proteção, e as recordações delas permanecem mais nítidas durante mais tempo. Ao contrário, indivíduos imersos em relações em que sentem que não podem contar com o outro perdem a memória mais cedo.

EM QUE SE BASEIA TER BOAS RELAÇÕES?
Eu diria que a base de qualquer vínculo afetivo, social ou emocional – profissional, de amizade, conjugal... – passa pela capacidade de ter uma relação correta com os outros, ou seja, de se conectar de forma adequada para gerar um ambiente cordial.

Dizem que não há uma segunda oportunidade de gerar uma primeira boa impressão. Salvo no caso de uma necessidade, ninguém compra um produto de uma pessoa na qual não confie ou que lhe desperte repulsa. Tratei de alguns banqueiros no consultório e sempre penso que é impossível que alguém seja capaz de permitir a outro administrar seu dinheiro ou seu patrimônio se não houver entre os dois uma relação cordial ou, inclusive, certa empatia; da mesma maneira, em igualdade de condições, compraremos um carro ou outro produto de quem nos tenha tratado melhor – a menos que o preço seja muito mais alto.

A amizade é o grau excelso da interação com os outros – abaixo do amor. Para que surja uma verdadeira amizade, tem que haver uma convivência, um intercâmbio de vivências e de emoções. A amizade se faz de confidências e se quebra na base das indiscrições. É preciso cuidar dela com carinho. A amizade consiste em uma relação de igualdade com intimidade e aprendizagem, por isso é preciso trabalhá-la com maestria e afinco.

COMO CONSEGUIMOS GERAR RELAÇÕES CORRETAS COM OS OUTROS?

Acrescentarei algumas breves ideias que podem nos guiar. Não significa que tenhamos que seguir ao pé da letra as sugestões que vêm a seguir, mas podem ser de grande ajuda e também servem como exame pessoal para entender por que às vezes se truncaram em nossas vidas negociações, amizades ou relações familiares.

1. Você tem que mostrar interesse pelas pessoas

Conheço muita gente que me diz:

✓ Eu não gosto das pessoas.

Esse comentário me impacta, porque as melhores recordações que guardamos em nossa memória são, geralmente, com outros, e uma das maiores gratificações da vida está em relacionar-nos e nos sentirmos amados. Recordo especialmente um amigo pouco sociável, de poucas palavras, mas de grande coração, que me dizia:

✓ Não suporto a maior parte das pessoas.

Ele tinha um trabalho no qual a base de seu sucesso e de sua remuneração consistia em se conectar de forma adequada com as pessoas. Diante de minha pergunta de como chegava ao fim do mês – acredito que posso conversar com ele com absoluta franqueza – me respondia:

✓ Meus clientes, eles sim, me interessam.

Se você vai a uma reunião familiar com primos, tios ou cunhados, a melhor forma de entrar e se conectar é se interessar por eles, por sua vida, seu trabalho e sua saúde. Mas, de verdade, não fingindo. Sem que pareça que você está aplicando um questionário ou uma investigação, se aproximando de maneira sincera e amável. Esforce-se sempre em se interessar pela vida dos outros.

2. Faça um esforço para recordar dados importantes

Nem todo mundo tem a sorte de gozar de uma boa memória para nomes e dados. As pessoas que conseguem recordar informações sobre os outros geram um vínculo mais forte em menor tempo. Se você encontra na rua alguém de quem há tempos não recebe notícias e se lembra do nome de sua mulher, ou que seu pai estava se tratando de alguma enfermidade, gera, automaticamente, uma agradável proximidade entre os dois. Todos nós gostamos de que se lembrem, sem ser invasivos, do que é nosso; e, para isso, é necessário um certo esforço.

David Rockefeller – do Chase Manhattan Bank – tinha um arquivo particular com cartões com mais de 100 mil nomes no qual guardava informações sobre os encontros que tinha mantido com aquelas pessoas. Essa informação o ajudava a gerar familiaridade, fazendo com que todos aqueles com quem se encontrava se sentissem importantes e especiais.

Meu pai tem o hábito de anotar tudo a respeito das pessoas que conhece. Há pouco, procurando o número de um restaurante em seu telefone, dei de cara com a seguinte informação:

"Pepe, o dono, é casado com Ana. Eles têm três filhos; vivem preocupados com o caçula, porque não concluiu seus estudos. Seu pai faleceu há alguns anos de Alzheimer. Paco, o garçom mais velho, trabalha lá a vida toda e está com artrite."

Achei impressionante, mas tenho consciência de que quando ele aparece nesse restaurante, chamando cada um pelo nome e lhes perguntando por suas preocupações, consegue imediatamente conquistar a simpatia de todos. Insisto, essa qualidade requer esforços; seja fortalecendo seu hipocampo – região da memória do cérebro – ou habituando-se a preservar as informações – aniversários ou coisas que preocupam aqueles que o rodeiam – em qualquer caderno de anotações ou agenda.

3. Aprofunde-se neles, em suas vidas, aflições e profissões

Isto é especialmente importante no mundo profissional. É preciso levar em conta que a maior parte dos acordos é gerada entre pessoas que criam um vínculo de cordialidade e amabilidade. Se você tem uma reunião com o diretor de sua empresa, informe-se; se quer alegrar a vida de alguém de sua família, preocupe-se com seus interesses atuais. Isso requer tempo e vontade, ligar para seus parentes ou amigos para evitar perder o contato. Com muito pouco, a gratificação é enorme. Personalize. Procure aquilo de que cada um pode gostar. Não use o mesmo discurso ou mensagem com todos que o cercam. Isso o obriga a ser mais detalhista. Se tem que dar um presente, procure alguma coisa diferente, não necessariamente cara, mas simplesmente que se note que você deu uma volta para encontrar o presente mais adequado ou personalizado.

4. Evite julgar

Cada pessoa é diferente. Tendemos a julgar, analisar e classificar os outros quando os conhecemos. Pode ser um mecanismo de defesa ou simplesmente um automatismo da mente para não alterar nosso interior. Indivíduos muito críticos podem ter uma necessidade constante de se sentirem superiores ou, exatamente o contrário, sofrer de insegurança e falta de autoestima.

Para julgar com equidade é preciso ser muito empático e coletar previamente muitas informações das quais não costumamos dispor. De qualquer forma, sempre será prudente permanecer em silêncio. O silêncio é o porteiro da intimidade.

É necessário aceitar os outros como são, embora sejam diferentes e não gostemos muito do que vemos. Isso não significa que devemos ignorar a realidade; existe gente que age mal ou da qual é conveniente se afastar porque pode ser tóxica; mas, quanto ao resto, é saudável ter uma mente plural, rica, aberta, para admitir que existem pessoas que não se ajustam inteiramente aos nossos critérios. É preciso evitar se fechar de forma abrupta a tudo que é diferente. Se você só aceita aqueles que tenham um determinado nível de estudo, social ou cultural, se tem mania pelos torcedores de certo time de futebol ou por uma profissão ou sindicato, se rechaça sistematicamente todos aqueles que provêm de uma certa região, país ou continente... certamente sua capacidade de compreensão do mundo e seu entorno é mais reduzida e está perdendo muitos dos matizes que fazem nosso planeta ser tão rico e diversificado. Não se deve generalizar e rejeitar grupos sociais ou categorias concretas de pessoas. Todos têm algo a nos oferecer.

Em meu consultório, às vezes me surpreendo com coisas que me remexem e me deixam perturbada. E, apesar de estar há mais de dez anos ouvindo histórias de vidas despedaçadas, de pessoas que sofrem feridas profundas, continuo sentindo uma pontada de desconcerto ao ouvir o relato de algumas experiências.

Nós, os médicos, devemos cuidar daquilo que é chamado de contratransferência, ou seja, o que sentimos com os pacientes, o conjunto de emoções, pensamentos e atitudes que se originam em nós depois de ouvir seus relatos. É inevitável que certas pessoas, por sua vida, sua forma de ser ou seus atos, gerem em mim uma primeira sensação de repúdio. Pode ser pela maneira como me relatam seu trauma ou sofrimento ou por sua história remover em mim algo vulnerável, ou simplesmente porque seu modo de agir contraria meus princípios éticos.

ÀS VEZES NÃO É POSSÍVEL EVITAR JULGAR...

Uma recordação. Havia alguns anos, eu atendia em meu consultório um homem apreensivo e muito sensível, muito apaixonado por sua mulher. Esse paciente trabalhava no departamento de informática de uma empresa e sua mulher era jornalista. Ele sempre estava inquieto, achava que ela lhe era infiel, pois viajava muito pelo mundo e possuía uma vida rica, cheia de amizades e relações em redes sociais. Ela negava qualquer tipo de infidelidade, mas mesmo assim ele sofria muito com o tal temor.

Lembro que, depois de três ou quatro sessões, pedi à mulher que fosse ao meu consultório. Entrou, me saudou friamente e, quase sem se sentar, me disse:

– Você tem que guardar o segredo profissional, por isso não pode contar

> nada para o meu marido. É claro que lhe sou infiel, sempre fui desde que éramos namorados, mas ele nunca ficará sabendo. Algo mais?
>
> Reconheço que um calafrio percorreu as minhas costas. Eu tento sempre criar um ambiente cordial no meu consultório, mas desta vez não foi possível. Diante da revelação feita com tal decisão e certeza de impunidade, fiquei bloqueada. Ela insistia que se divertia com a adrenalina de ser infiel, de ter uma vida dupla, que sempre havia sido assim e não queria mudar nada.
>
> Depois de ouvir um pouco da sua biografia, lhe expliquei de forma suave, mas firme, a razão pela qual estava brincando com os sentimentos de seu marido. Não se importou. Com a mesma frieza com que entrou no consultório, saiu. Desta vez sem se despedir. Continuei vendo o marido em certas ocasiões, mas acabaram se mudando para outra cidade e perdi sua pista. Não creio que tiveram um bom futuro juntos.

5. Não imponha seus critérios, crenças ou valores

Trabalhe para ser um modelo para seus filhos, empregados ou amigos; se tentar impor seu ponto de vista, será rejeitado. Hoje em dia sabemos que de pais exigentes que impõem sem medida saem filhos complexados, rebeldes e que procuram o contrário. Os limites são necessários, que as pessoas respeitem nossas ideias ou crenças é chave, mas sem esbarrar na dureza ou na agressividade. A sociedade não precisa só de mestres, mas de líderes. O líder é um exemplo de vida; misturam-se a coerência, os valores sólidos, a modernidade e o fato de saber que aquela pessoa é autêntica e coerente.

> Se você quiser influenciar alguém, se quiser transmitir seus ideais, aprenda a ser um bom exemplo.

Uma coisa é impor suas ideias e outra é pedir que respeitem as suas. Não existe um bom líder que não seja uma boa pessoa. Hoje, na política de muitos países, ouvimos falar de líderes que na verdade não o são. São chamados assim pelos meios de comunicação, mas, muitas vezes, quando alguém tem acesso à sua vida privada, tudo é fachada, aparência, comportamento dirigido por assessores para criar uma boa imagem, sem que isso coincida com a verdade. Uma boa pessoa é autêntica. E a autenticidade é um binômio no qual acontece uma saudável relação entre a teoria e a prática, pois a pessoa é aquilo que faz, não o que diz. Fala a conduta. Falam por si mesmas as atitudes desse sujeito.

6. Surpreenda-se e aproveite os interesses comuns

As amizades e as boas relações aparecem quando há interesses, valores e desejos em comum. Procure-as, é raro que não exista alguma coisa que una você a pessoa mais recôndita. Desde o pediatra de seu filho até o seu corretor de seguros ou o carpinteiro que o ajuda quando alguma coisa é quebrada. Você se surpreenderá ao perceber que, quando dedica tempo às coisas essenciais, o que não é unicamente a parte racional, está dando um passo impressionante em sua vida. Vê mais longe, seu coração não está concentrado meramente na superficialidade das relações – conseguir benefícios ou gratificações fáceis – mas sim no interior dessas pessoas. Suas relações serão então mais honestas e seu crescimento interno aumentará exponencialmente.

OS PROXENETAS E OS BORDÉIS DO CAMBOJA

Quando cheguei ao Camboja percebi que seria complicado entrar nos prostíbulos para fazer terapia ou ajudar de alguma maneira, como era a minha intenção. Os cafetões impunham um monte de dificuldades para nos dar acesso. Estabeleciam condições e, para que fosse efetiva a conversa com as prostitutas, era necessário que o cafetão não estivesse agindo de maneira hostil.

Precisava encontrar um elemento de união e não era fácil. Comprovei ao longo da minha vida que existe um elemento que pouca gente rejeita: as balas Sugus®. Talvez você ache graça, mas em meu consultório um saco vai embora todos os dias. Os pacientes me dizem que é para seus filhos ou netos, mas, no fundo, sei que não é verdade. São para eles. A Sugus® azul faz muito sucesso. Pedi que me mandassem pacotes de Sugus® azuis, mas até agora não consegui.

Cheguei ao Camboja com 10 quilos de Sugus®. Em duas semanas não me restava nenhum, mas encontrei uma imitação perfeita. Já na porta do bordel, diante do cafetão e acompanhada por dois enfermeiros, disse, com muita seriedade, ao proxeneta em khmer:

– *Nek chom ñam skor krob te* – eu pronunciava a frase assim e, segundo me disseram, significava "Você quer uma balinha?".

Ninguém nunca me disse que não. Aquele sujeito que estava na minha frente, que me causava a pior das impressões, com olhar sujo e sem escrúpulos, esboçava um sorriso e assentia com a cabeça. Esse pequeno, ínfimo detalhe, me abria a possibilidade de entrar no lugar da forma menos fria e hostil.

Como anedota curiosa, durante as últimas semanas de minha permanência ali, as garotas me chamavam de Madame Bombom, Senhora Balinha, o que me enchia de ternura.

7. Sorria, ria com eles

Quando não existe uma maneira de se conectar, use uma pitada de humor. Raras pessoas se recusam a sorrir quando você lhe oferece a possibilidade de bandeja. O riso é a distância mais curta entre duas pessoas e, simultaneamente, é um dos métodos mais eficazes para incrementar a endorfina no sangue. Alice Isen, da Universidade Stanford, fez um importante estudo sobre como as emoções expansivas – o sorriso, o riso, o prazer do humor... – melhoram ostensivamente nossa criatividade, organização, planejamento e solução dos problemas. Isto se deve ao fato de que o riso ativa o fluxo de sangue no córtex pré-frontal, zona encarregada destas funções.

Em outro estudo interessante realizado em Bonn, Alemanha, observou-se que as pessoas alegres e felizes melhoram a produtividade e o rendimento no trabalho.

> O riso e o sorriso têm a capacidade de alterar a química da corrente sanguínea, protegendo assim de algumas doenças e infecções.

8. Cante, mas também em grupo

Cantar em grupo é benéfico para a saúde mental. Há alguns meses foi publicado um estudo na revista *Medical Humanities* sobre como o fato de cantar em público pode beneficiar a saúde mental.

Os autores – da Universidade East Anglia, do Reino Unido – participam de um projeto denominado *Sing Your Heart Out* – algo como "cante forte com seu coração" – em que organizam sessões de canto enfocadas tanto em grupos de risco como na população em geral.

Cerca de 120 pessoas participam desta atividade e 80 delas procuraram serviços de saúde mental. Os grupos foram avaliados várias vezes ao longo de seis meses. Os resultados observados demonstraram que cantar e socializar têm um efeito impressionante no bem-estar, na melhora das habilidades sociais e na sensação de pertencimento a um grupo. Aqui se aprecia de forma clara o que foi descrito por Robert Waldinger em sua pesquisa.

O curioso é que, apesar de cantar em solidão – quem nunca cantou no chuveiro? – sempre ter um potente motor de motivação, o fato de cantar em público tem efeitos diferentes e muito positivos para um setor da população.

É interessante ler que os participantes haviam chamado o projeto de "salva-vidas".

Agora vem à minha mente o caso de um jovem regente de orquestra, Íñigo Pirfano, que beira os 40 anos, fundador de *A Kiss for All the World*. Com sua fundação visita lugares difíceis – prisões, hospitais, campos de refugiados, regiões de extrema pobreza... – e rege a "Nona Sinfonia" de Beethoven, inspirada no "Canto da Alegria" de Schiller.

As pessoas, reunidas em um espaço, choram, se emocionam, ficam comovidas, porque a alegria é contagiosa e os sentimentos nobres pulam de uns para outros. Em algum hospital da América do Sul os internos reconheceram que havia sido uma das experiências mais inesquecíveis de suas vidas. Enquanto ouviam aquelas notas maravilhosas, alguns se movimentavam acompanhando o compasso da música, outros se davam as mãos... Alguma coisa acontecia dentro deles.

9. Ajude se puder

Se você tem a possibilidade, não perca a oportunidade de fazer alguma coisa pelos outros. Não se trata de dever favores e fazer um levantamento do que lhe deram e de como você favoreceu os outros. Poucas coisas são mais gratificantes do que poder ajudar os outros com alguma coisa que está ao nosso alcance. Dê sem pedir nada em troca; e, logicamente, sem cair no pieguismo. Adicionalmente, isso pode significar a construção de uma ponte com outras pessoas. A vida dá muitas voltas e tomara que chegue a lhe surpreender.

10. Não tenha medo de se sentir vulnerável diante de outra pessoa ou de pedir ajuda

Nas relações nem sempre é necessário procurar criar laços fortes; muitas vezes queremos apenas uma mão amiga que possa nos ajudar a sair de um aperto. Seja humilde nesses momentos. Não tenha medo de que possam ver sua fraqueza ou de estar em uma situação delicada. Procure as pessoas adequadas, aquelas que não o julguem e possam levantá-lo.

PEDIR DINHEIRO EMPRESTADO

Há alguns meses um paciente me disse que acabara de se separar. Tem três filhos. A relação com sua mulher era insustentável, discutiam todos os dias e finalmente optaram por viver separados. Animicamente está deprimido, sem forças. No trabalho, estão fazendo um ajuste dos funcionários e reduziram seu salário. Não tem o suficiente para sustentar a escola e a alimentação de seus filhos.

Mudou duas vezes de apartamento e agora, para não preocupar sua ex-mulher por não ter dinheiro suficiente, está dividindo um apartamento com alguns estudantes. Isso o leva a ficar cada vez mais deprimido, porque nos dias em que as crianças ficam com ele, evita levá-las à sua casa para que não vejam onde está vivendo. Acha que é um péssimo pai, não tem dinheiro para lhes proporcionar um lanche em algum lugar de que possam gostar. Os presentes para seus filhos são simples, às vezes coisas de segunda mão compradas pela internet.

> Seu pai aparece um dia em meu consultório para falar comigo. Está preocupado, porque percebe a tristeza do filho. Enquanto fala, me dou conta de que não tem consciência ou não está informado sobre a situação financeira de seu filho. Em um certo momento me diz o seguinte:
>
> – É filho único, e gostaria muito de fazer qualquer coisa por ele. Minha mulher e eu temos algumas economias e não precisamos desse dinheiro, que talvez possa lhe ser útil.
>
> Dias depois, volto a atender meu paciente. Comento a conversa que tive com seu pai e ele me responde:
>
> – Para mim é difícil pedir favores, tenho dificuldade de pedir dinheiro emprestado.
>
> Eu lhe explico que, diante de sua situação dramática, delicada, ninguém melhor do que seu pai para ajudá-lo. Acrescento que há momentos nos quais a pessoa tem que saber se apoiar nos seus, sem abusar. Fez parte da terapia que ele conseguisse pedir ajuda, e foi um fator determinante para seu estado de espírito e sua relação com seus filhos.

11. Fale bem dos outros, não critique

Insisto: é necessário falar bem das coisas boas e manter uma posição neutra em relação às negativas. É preciso se propor seriamente que nas conversas em que você intervenha não sejam gerados juízos negativos ou críticas.

Como ficamos gratos quando, em um jantar ou uma reunião de amigos, alguém evita uma crítica, uma conversa negativa sobre outros. Falar mal dos outros induz nosso organismo a um estado emocional tóxico – cheio de cortisol[5] – e sabemos dos riscos que isso implica.

A crítica é quase um esporte mundial e estamos bem acostumados a que faça parte de nossa vida. Se quer que confiem em você, se quer que o considerem alguém íntegro e que procurem sua amizade, acreditem em você ou em seu negócio, seja discreto. Todas as pessoas do mundo, apesar de sua maldade ou péssima atitude, têm alguma coisa positiva a oferecer. Se não souber ou não conhecer nada de positivo, deixe para lá.

---

5 No próximo capítulo, falaremos desse hormônio. (N. A.)

Não crie um ambiente pior tratando de um assunto que parece não ter solução. Nesses casos, procure mais se afastar do problema, em resolvê-lo, do que no problema em si. Vale mais aprender a lidar com essa pessoa – às vezes o mais conveniente será se afastar dela – do que degolá-la com suas palavras. Não falar mal de ninguém produz uma paz enorme, é como um sedativo incorporado à engenharia de nosso comportamento, inclusive quando não nos é oferecido em uma bandeja.

12. Conte histórias

As pessoas gostam de histórias. Às vezes acrescentar imaginação, um pouco de ilusão e magia na forma pela qual nos expressamos pode criar um bom ambiente. Por exemplo, sabemos que as histórias satisfazem emocionalmente as audiências, as reuniões ou inclusive os conselhos.

Os seres humanos sempre as procuraram, as procuram e as procurarão. Pensemos nos mágicos: sua maneira de gerar uma proximidade com o público surge do fato de narrar suas mágicas; sem isso, os truques teriam um efeito descafeinado. Um grande amigo meu, mágico, nos conquista com suas magias, mas também com suas palavras ao redor da alquimia desfraldada.

Sabemos, cientificamente, que as histórias fazem com que o cérebro libere oxitocinas, substâncias químicas associadas à empatia e à sociabilidade. Na empatia entram em jogo os chamados neurônios-espelho. Eles são especializados em nos fazer entender a conduta e as emoções dos outros. Descobertos por Giacomo Rizzolatti, representaram um avanço muito significativo no mundo da neurociência.

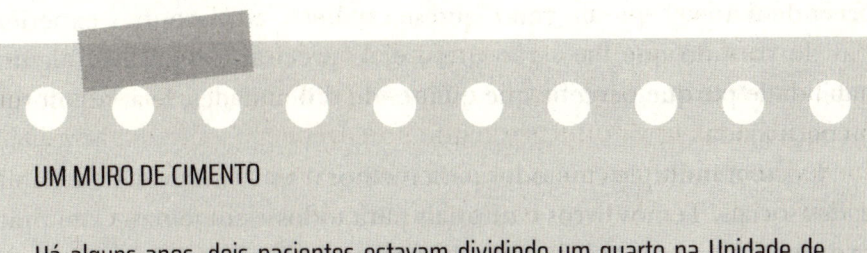

UM MURO DE CIMENTO

Há alguns anos, dois pacientes estavam dividindo um quarto na Unidade de Cuidados Paliativos de um hospital. Luis, deitado ao lado da janela, conversava com Daniel. Todos os dias lhe contava, com toda a riqueza de detalhes, o que acontecia na rua. Sobretudo lhe narrava as aventuras – vistas da janela – de uma família que vivia perto do hospital. A mãe brincava com vários filhos no jardim.

Falava com naturalidade e graça, com a voz embargada pelos efeitos da quimioterapia. Para Daniel, os últimos meses de vida estavam sendo entretidos por seu companheiro de quarto. Nos dias em que ficavam sozinhos, sem amigos ou parentes, Luis lhe dizia:

– Posso lhe contar o que estou vendo?

Os olhos de Daniel se iluminavam. E então começava um relato que poderia durar horas. Meses depois, Luis faleceu e poucos dias depois sua cama foi ocupada por outro paciente.

Daniel, acreditando que poderia recuperar aqueles relatos de seu amigo, pediu ao seu novo acompanhante que o informasse sobre as crianças do jardim. A resposta que obteve o deixou petrificado.

– Aqui não há um jardim, há um muro de cimento.

Luis havia usado a imaginação, havia usado seus recursos para inventar histórias que entretivessem Daniel.

Através da empatia, Luis havia sido capaz de se colocar na situação de seu companheiro para conseguir transmitir esperança a Daniel e ajudá-lo a enfrentar a doença.

13. No amor e na guerra (e na amizade!), o importante é a estratégia

Já dizia Napoleão. Não tenha medo de pegar um lápis e uma folha de papel. Uma esferográfica de quatro cores, um marcador de texto ou uma lousa. Escreva, risque, faça setas... Enfim, trace um plano. Você se surpreenderá ao ver que há gente que se conhece, ao encontrar experiências do passado que lhe serão úteis, e, se precisar desenvolver alguma habilidade porque percebe que está tendo dificuldades, leia, se informe ou peça ajuda.

Existem múltiplos métodos para melhorar em assertividade e habilidades sociais. Temos livros e tutoriais para todos esses temas. Com prática, humor e boa vontade você pode melhorar se quiser.

14. Não perca a educação

Há palavras que tocam o coração dos outros: obrigado, desculpa e por favor. Estamos acostumados a dar tudo por feito. Neste livro vamos insistir muito na importância que as palavras têm em nossa mente. Não deixemos nosso organismo indiferente às palavras que usamos: nas conversas internas e na linguagem com aqueles que nos cercam.

15. Não se esqueça de que para receber você tem que dar e se dar primeiro

Não pretenda que tudo aconteça sem que você contribua com seu grãozinho de areia. Os resultados imediatos às vezes são enganosos. É preciso aceitar que é muito difícil estabelecer relações estáveis e duradouras – em todos os âmbitos da vida – em questão de minutos. Requer paciência, constância e saber se dar.

Se conseguir que as pessoas o valorizem e contem com você, ser alguém importante em suas vidas, se surpreenderá positivamente ao perceber que o procuram, o requerem nos bons e maus momentos. Você está no radar mental delas. Isto serve para as relações com amigos, com familiares e no mundo dos negócios. Faça com que guardem algo de sua conversa, de sua forma de ser ou de suas capacidades. Seja qual for seu objetivo, trate sempre de melhorar, dar valor e ajudar a tirar o melhor dos demais. Tente ser uma pessoa vitamina, alguém que acrescenta, que ajuda, que é alegre e otimista em um momento de turbulência.

Procure que suas metas tenham uma finalidade boa; quando seus objetivos têm um valor positivo, você atrai coisas positivas. Se suas formas, suas maneiras de se aproximar dos demais, têm um toque tóxico, atrairá o negativo.

Não se esqueça. As pessoas amarguradas andam de mãos dadas e possuem um entorno amargurado. Há alguns anos uma pessoa assim era qualificada de neurótica, azeda, ressentida e propensa a estragar tudo. Aquilo que já disse nas páginas anteriores: o otimismo é uma forma aguda e peculiar de observar a realidade. Saber olhar é saber amar e saber conhecer.

16. Tente ser amável, isso é mais importante do que você pode imaginar.

Eu compro frutas em um lugar perto da minha casa. Não é especialmente barato, mas o fruteiro, Javi, é atencioso com todo mundo. Quando sabe nossos nomes, nos trata com uma cordialidade especial e toda vez que apareço ele dá uma fruta a algum de meus filhos. Afastou-se durante alguns meses e todos percebíamos sua ausência. Quando voltou, revelou que estivera de licença por um problema grave nas costas e me disse quais eram os remédios que estava tomando. Medicamentos fortes, que não lhe tiravam a dor, mas permitiam que trabalhasse. Impressionante. Apesar das dores que sabemos que persistem, continua tratando todo mundo com o mesmo carinho e cuidado, sabendo nos indicar frutas e verduras como se fosse a decisão mais importante de nossas vidas.

Pessoas assim facilitam a convivência e a tornam mais agradável. Em uma sociedade em que reinam a pressa, a interação digital e a falta de tempo, muitos acreditam que ser amável caiu em desuso. Temos dificuldade de parar, fazer um esforço e cumprimentar ou perguntar com calma. A definição da Real Academia Espanhola para alguém amável é "digno de ser amado, afável, complacente e afetuoso". Há quem suspire ao ler isto: é quase impossível!

Existem pessoas cuja amabilidade parece estar inserida em seus genes, quase não precisam se esforçar porque é uma coisa que lhes sai de maneira natural. Ser amável é ser capaz de transmitir cordialidade e simpatia, dignificando os outros. Não esqueçamos que os indivíduos possuem um "gene de amabilidade" desde muito pequenos. Essa ferramenta nos influencia de maneira importante. Por exemplo: diante do estresse, da adversidade ou de situações de perigo, o fato de ter essa habilidade trabalhada nos leva a cuidar dos outros e a ajudá-los, em vez de procurar unicamente nossa própria sobrevivência ou bem-estar. Outro dado: as pessoas que, tendo passado por uma crise de saúde, percebem carinho e amabilidade ao seu redor sentem menos dores do que aquelas que estão sozinhas.

Conhecemos outros benefícios da amabilidade, além do fato de melhorar nossas relações. Cabe voltar a falar de um componente bioquímico do qual tratamos com profundidade neste livro. A amabilidade gera endorfinas, as quais, por sua vez, reduzem os níveis de cortisol – o hormônio do estresse e da ansiedade – e aumentam a oxitocina – o hormônio do amor e da confiança. Portanto, através delas melhoram a hipertensão e os problemas cardiovasculares, e diminui a sensação de dor. Todos esses efeitos nos causam uma sensação de equilíbrio e bem-estar interno.

Observar pessoas amáveis – inclusive nos filmes – melhora nosso estado de espírito e tem efeitos fisiológicos importantes.

Logicamente, tudo em seu lugar! Quem tem dificuldade de ser amável ou afetuoso deveria praticar aos poucos. É preciso evitar parecer falsos; poucas coisas geram mais repulsa do que a sensação de hipocrisia ou fingimento. Tampouco convém confundir amabilidade com ingenuidade ou complacência. Diante de um ataque, de um repúdio, de uma agressão, é necessário saber se afastar, se distanciar, e ter consciência do golpe recebido.

O CASO DE SUSANA

Susana estudou técnico óptico e trabalha na farmácia de sua prima em Valência. É casada com Jorge, um homem que trabalha muito, tem concessionárias de automóveis e toca o negócio com seus irmãos. Têm dois filhos, de 1 e 5 anos.

Quando vai ao meu consultório me conta que seu marido saiu de casa. Está desolada: "o casamento funcionava muito bem, quase não discutíamos e não entendo o que pode ter acontecido". Segundo me conta, não aconteceu nada fora do normal. Simplesmente, Jorge um dia lhe disse que não aguentava mais e estava saindo de casa. Ela insiste em dizer que a relação dos dois era boa e que seu casamento era invejado por muita gente. Ao lhe perguntar se há outra pessoa, ela me responde que tem certeza de que sim, mas que ele nega. Começamos a decifrar a personalidade e a biografia de Susana e descobrimos uma mulher de grande coração, amável, próxima e amiga de todos, sempre atenta ao seu entorno.

Seu pai é um homem de caráter forte, impulsivo, mas ela lida bem com ele e, quando tudo parece desabar, tem a habilidade de contornar a situação. Quando me conta sobre os últimos anos do casamento com Jorge, percebe muitas faltas de delicadeza por parte dele: humilhações, exigências absurdas e muitas manias. Nos finais de semana, ele pedia que a casa estivesse limpa e gritava com Susana lhe pedindo que lavasse as vidraças e o chão várias vezes. Ela, com

> sua habitual simpatia, obedecia para que ele ficasse feliz, sem perceber que a relação havia se transformado em uma ditadura, em que ela se encarregava de tornar a vida dele agradável, sem pensar. Susana me descrevia a situação da seguinte maneira:
> – Sempre fui amável, próxima e carinhosa com os meus, sem pensar em excesso. Sei que essa é a chave das boas relações.

Efetivamente, Susana tem razão, mas, se a pessoa não sabe medir o grau de amabilidade que emite, pode acabar se transformando em vítima de alguém que a use ou manipule. Existem indivíduos que se aproveitam de maneira escandalosa de personalidades deste tipo!

O MUNDO PRECISA DE... OXITOCINA

Este hormônio tem um papel fundamental no nascimento, no parto e na lactância. É o hormônio responsável por expulsar o bebê e, por outro lado, é o encarregado da produção de leite durante o puerpério. Sabemos que esse hormônio está na base de dois fenômenos primordiais da vida emocional: a confiança e a empatia. Portanto, é uma ferramenta-chave nas relações sociais e na maneira que temos de interagir com os outros.

Ser amável, se comunicar de maneira positiva, ativa a oxitocina, o que tem efeitos maravilhosos no organismo: reduz a sensação de ansiedade, protege o coração – sabemos, inclusive, que baixa os níveis de colesterol.

A COMPANHIA DE OUTROS NOS DÁ PRAZER: A OXITOCINA E A DOPAMINA

Existem dois hormônios que são liberados quando estamos em boa companhia e desfrutando a vida acompanhados de pessoas que amamos: a citada oxítona e a dopamina – o hormônio do prazer. Inclusive está sendo investigada a possibilidade de aplicar sprays ou vaporizadores de oxitocina em pessoas com autismo, mas os resultados das primeiras experiências ainda são pouco conclusivos.

A oxitocina também pode ser um fator-chave no mundo dos negócios e das finanças. Em um artigo publicado nas revistas *Nature* e *Neuron*, Ernst Fehr, diretor do Departamento de Economia da Universidade de Zurique, demonstrou que a oxitocina potencializa a capacidade das pessoas em confiar seu dinheiro, patrimônio e economias a terceiros. Observaram que os participantes de uma pesquisa que haviam sido estimulados com a oxitocina confiavam seu dinheiro de forma mais fácil do que aqueles que receberam placebos; 45% do primeiro grupo aceitou investir uma grande quantia de dinheiro, contra 21% do segundo grupo.

Quando os níveis de oxitocina aumentam acima do normal, as emoções das pessoas, como o amor, a empatia e a compaixão, ficam mais intensas. Inclusive se observou que nesses casos, com esse hormônio nas nuvens, é mais difícil se manter ressentido ou aborrecido. Quando a oxitocina está elevada, a amígdala do cérebro, região responsável pelo medo, é desativada; portanto a ansiedade, a angústia, as obsessões e os pensamentos negativos diminuem de intensidade.

Sabendo de tudo isso, procure ser amável. Durante as próximas semanas escolha alguma pessoa com quem tenha dificuldade e tente gerar um vínculo mais agradável com ela. Procure aqueles com os quais passa muitas horas por dia e tente tornar a relação mais próxima; sorria, internamente trate de não julgar tanto e, sabendo que há muito em jogo e que está se propondo de verdade, será capaz de alterar seu cérebro, suas emoções e sua bioquímica. Procure amar mais, amar melhor e ser mais compassivo com seu entorno!

Sua vida é medida não pelo que você recebe, mas pelo que dá. Pergunto com muita frequência aos meus pacientes:

– O que você faz pelo próximo?

Dê mais atenção às suas relações, à sua família, aos seus amigos ou companheiros de trabalho e até aos vizinhos. Invista nas pessoas, de verdade. Se fizer isso de forma autêntica, com carinho, não ficará tão cansado como imagina. Ofereça sua presença e colaborações reais, não um simples "conte comigo para o que precisar" vazio de conteúdo. Em uma sociedade que tende à solidão e ao isolamento, procure sair de você mesmo.

O AMOR PELOS IDEAIS E PELAS CRENÇAS

As ideias se têm; nas crenças se está.
Ortega Y Gasset

Todos conhecemos pessoas que sobreviveram às piores circunstâncias pelo amor que dedicavam aos seus ideais. Desde Nelson Mandela na ilha Robben – o amor a seu povo – a Thomas More na Torre de Londres – suas crenças – ou inclusive Maximiliano Kolbe entregando sua vida em troca de um pai de família no campo de concentração de Auschwitz. Os soldados russos que participaram da Segunda Guerra Mundial suportavam situações adversas, com menos de 20 graus abaixo de zero nos campos de batalha por amor a sua pátria. Cada um tem seus próprios ideais, mas quando são fortes, eles podem ser um aliado no sofrimento.

Viktor Frankl é um mestre em muitos aspectos. Viveu e analisou com profundidade a "psicopatologia das massas" durante a Segunda Guerra Mundial. Insistia em uma ideia: é possível tirar do homem absolutamente tudo, exceto a última de suas liberdades humanas: a escolha de sua atitude diante da vida. Aqui entram as recordações, os valores e os ideais. Com isso pode projetar, apesar das circunstâncias, seu próprio destino. Essa liberdade interna da qual não nos podem privar nos permite encontrar o sentido de nossa vida, quaisquer que sejam as circunstâncias. Até mesmo nos campos de concentração durante a Segunda Guerra Mundial houve pessoas que, aferradas à dita liberdade interior, conseguiram se sobrepor às atrocidades que as cercavam.

Viktor Frankl desconhecia a parte bioquímica da esperança e da paixão, mas observou que quando alguém possuía recordações a que se agarrar ou ideais, essa pessoa tinha a capacidade de sobreviver física e psicologicamente a qualquer trauma. Ter ideais, manter recordações agradáveis da nossa vida às quais recorrer quando as circunstâncias nos oprimem, pode significar um importante reforço para enfrentarmos os problemas que surjam no futuro.

Logicamente, cuidado com ideais extremistas! O extremismo justifica qualquer ideia ou ação com a finalidade de atingir um objetivo. O raciocínio dos extremistas legitima tudo, inclusive verdadeiras barbaridades carentes de moral, para atingir suas metas. É positivo que nosso sistema de valores seja a bússola de nossa vida, que guie nossa atuação. Mas há um problema de extremismo se no caminho para essa meta legítima atropelamos os demais. A pessoa com ideais radicais não apenas não é capaz de entender e respeitar as convicções dos outros, como chega a justificar qualquer vulneração dos direitos alheios se isso a aproxima do objetivo pretendido.

> Como bem dizia Einstein: preocupe-se mais com sua consciência do que com sua reputação. A consciência é o que você é; a reputação é o que os outros pensam que você é.

O AMOR PELAS LEMBRANÇAS

*Há momentos na vida cuja recordação
é suficiente para apagar anos de sofrimento.*
VOLTAIRE

Você se surpreende com o fato de que o amor por uma lembrança possa mitigar a dor?

Continuemos com Viktor Frankl. Ele observou que em Auschwitz havia pessoas que faleciam poucos dias depois de chegar, independentemente de seu estado físico, e outras que aguentavam longos períodos apesar de não serem aparentemente mais fortes do que aquelas que caíam antes. Sua própria experiência em campos de extermínio lhe confirmou sua teoria da logoterapia, que estava estudando desde antes da guerra. As pessoas cujas vidas tinham um sentido toleraram melhor o sofrimento de Auschwitz.

Como podemos interpretar isso adaptando-o à vida moderna?

> As pessoas que encontram uma finalidade, um objetivo, um sentido para sua vida, têm mais razões para ser felizes.

Quantos indivíduos não encontram motivos para se levantar a cada manhã!

Quando alguém tem pensamentos e recordações constantes relacionadas com pessoas que ama, momentos especiais ou esperanças pelas quais viver, é mais alegre e feliz. Cuidado, isso nem sempre aparece naturalmente e é preciso lutar! Temos que ser capazes de refletir, de pensar em nossas vidas e encontrar essas pessoas, momentos ou esperanças para que se tornem nossas forças motrizes. Há muita gente que se abandona, que não procura em seu interior, que a cada dia de sua vida simplesmente se deixa levar.

Estamos entrando em um tema importante. Recordar cenas prazerosas tem um impacto forte no cérebro: o fato de recordar momentos especiais do nosso passado tem a capacidade de produzir as mesmas substâncias e ativar as mesmas zonas cerebrais que foram ativadas quando aquilo aconteceu na realidade. Isto constitui, na minha opinião, o princípio de uma autêntica revolução no mundo da neurociência.

O cardiologista Herbert Benson, professor da Universidade Harvard, foi um dos primeiros cientistas a se aprofundar no relaxamento e na meditação, inspirando-se na filosofia oriental. É pioneiro em estudos da mente e do corpo, que ele chama de "medicina do comportamento". Seu objetivo é demonstrar a bondade da meditação e determinadas atitudes mentais diante dos efeitos nocivos da ansiedade e do estresse. Suas ideias serviram de ponte entre a religião e a medicina, a fé e a ciência, unindo Oriente e Ocidente, mente e corpo. O doutor Herbert Benson dá um nome a esse conceito: o bem-estar recordado. Recordar eventos gratificantes, emocionantes ou alegres do passado permite ao nosso organismo liberar substâncias bioquímicas antidepressivas.

Quando percebo que há tensão em algum casal, costumo perguntar:
– Como se conheceram? Como seu marido a conquistou?

Apesar do mau humor e da tensão acumulada, o fato de recordar eventos alegres do passado consegue mudar, pelo menos momentaneamente, o tom emocional de quem fala. Por isso muitas técnicas de relaxamento ou de cura do estresse ou dos traumas têm o que chamamos de um "lugar seguro" na mente. Uma sensação, recordações ou uma imagem que nos produz paz só ao evocá-la em nossa mente.

O doutor Benson sustenta que uma pessoa com dor de cabeça ou dor nas costas pode melhorar com um placebo. A razão? Recorda a sensação de bem-estar que experimentava depois de ingerir a medicação. Por isso, todos conhecem esse efeito quase mágico do placebo.

SUSUMU TONEGAWA
O PODER CIENTÍFICO DE UMA RECORDAÇÃO PRAZEROSA

O biólogo molecular japonês Susumu Tonegawa foi agraciado, em 1987, com o Prêmio Nobel de Medicina pela descoberta do mecanismo genético que produz a diversidade dos anticorpos, o que representou um grande avanço para a investigação imunológica. Em 1990, alterou bruscamente seu campo de estudo, focando em se aprofundar na questão da base molecular da formação e recuperação da memória. Dois anos depois descobriu uma enzima, que batizou de CaMKII – cálcio calmodulina quinase II –, envolvida na transdução de sinais entre células e mediadora fundamental nos processos de aprendizagem e memória. Uma má regulação dessa enzima está relacionada com o Alzheimer.

Uma pesquisa liderada por Tonegawa no MIT, publicada em 2017 pela revista *Nature*, postula que recordar acontecimentos passados tem um efeito positivo no estado de ânimo devido ao fato de que se coloca em marcha o sistema de recompensa e se ativa o sistema de motivação.

Trazer à mente experiências positivas do passado é um antídoto potente contra a depressão e outros estados de humor alterados. Pode não surpreender a alguns, mas é reconfortante saber que essa afirmação de senso comum possui uma base neurocientífica verificada.

Várias regiões do cérebro estão envolvidas nesse processo: o hipocampo – zona de memória por excelência –, a amígdala – que gerencia o medo e recorda experiências de alto conteúdo emotivo – e o núcleo accumbens – o sistema de recompensa.

> As recordações têm um poder curativo até maior do que as experiências positivas em si mesmas.

CAPÍTULO 3

O CORTISOL

Pensar altera nosso mundo interior. Imagine que você está em um cinema ou teatro e ouve alguém gritar:

– Fogo!

Ficaria imediatamente em alerta e procuraria correndo e com desespero a saída mais próxima.

O que acontece nesse instante em seu corpo? O organismo se sobressalta e envia um sinal ao hipotálamo que, por sua vez, aciona outras regiões cerebrais. Tem início uma resposta involuntária do organismo através de sinais hormonais e nervosos – no entanto, a mente às vezes demora para tomar consciência do perigo – com a taquicardia, a sudorese e o aumento de temperatura que todos nós experimentamos em algum momento. Esta informação passa pelo tálamo ou pelo córtex cerebral, onde se processa de forma cognitiva a informação recebida e se decide, à medida que a sensação de medo permite, como responder à ameaça.

Em seguida as glândulas suprarrenais, localizadas em cima dos rins, depois de receber o sinal do hipotálamo, liberam uma série de hormônios, entre os quais se destacam a adrenalina e o cortisol.

Aqui apresento um companheiro de viagem crucial para sua vida. Depois de ler as próximas páginas, você vai entender por que lhe acontece o que lhe acontece, vai entender alguns momentos da sua vida e vai compreender o comportamento de muitos que o cercam. Dê uma atenção especial a este capítulo.

CONHEÇA SEU COMPANHEIRO DE VIAGEM

> O cortisol em si não é negativo, o que é prejudicial para o organismo é o excesso.

Continuemos com nosso relato. Ainda estamos no cinema. Se não contássemos com o cortisol, provavelmente ficaríamos sentados em nossa poltrona desfrutando do espetáculo de fumaça e chamas. O cortisol, portanto, é fundamental para a sobrevivência.

Imagine, entretanto, a situação real. Você se levanta com taquicardia, hiperventilação e sensação de desespero e tenta achar a saída mais próxima. Vê a expressão de susto no rosto daqueles que o cercam; tem dificuldade de pensar com clareza. Finalmente consegue chegar à rua, suando, seu corpo treme. Já na rua, alguém lhe diz que não se preocupe, que estavam consertando os alarmes e foram acionados sem motivo, pois não há nenhum incêndio. Nesse instante as portas são reabertas e dez minutos depois todos os espectadores voltam a ocupar seus lugares. É verdade, todo o público volta a sua situação anterior, mas ninguém está realmente nas mesmas condições fisiológicas e mentais de antes de os alarmes terem disparado.

Por quê? Esse pico de cortisol que experimentamos demora várias horas para desaparecer inteiramente e voltar a um nível normal. Certamente você já passou por isso alguma vez: está dirigindo, alguém passa na sua frente com uma manobra inadequada, não há batida, nada acontece, mas seu organismo percebe essa ameaça e seu corpo sente uma pontada no peito. Mas se não aconteceu nada! É o sinal de alerta do seu corpo.

Portanto, qual é a função do cortisol?

✓ O cortisol afeta de forma profunda diversos sistemas do organismo. Com o cortisol elevado nos preparamos para sair correndo, o sangue viaja dos intestinos até os músculos para nos ajudar a potencializar a ação evasiva ou defensiva, por isso perdemos o apetite em momentos de angústia. Os sentidos são ativados ("Estou com os nervos à flor da pele"), tentando perceber qualquer estímulo que ajude a identificar a ameaça intuída. Sua musculatura recebe os sinais necessários (tanto nervosos como bioquímicos) para se preparar para fugir do perigo ou da luta. O cortisol colabora para que o oxigênio, a glicose e os ácidos graxos possam cumprir suas respectivas funções musculares. O ritmo cardíaco acelerado faz com que o coração bombeie mais depressa, facilitando o transporte do sangue e de nutrientes aos músculos para que estes possam reagir à eventual ameaça.

✓ Por outro lado, o cortisol inibe a secreção de insulina, provocando a liberação de glicose e proteínas ao sangue. Por isso, se o cortisol não está bem regulado, em um tempo não muito distante pode aparecer a temida diabetes.

✓ Este hormônio ajuda a regular o sistema osmótico do corpo, os minerais. É chave no controle da tensão arterial, afeta os ossos (o cortisol pode favorecer o surgimento da osteoporose) e inclusive os músculos (contrações, puxões, câimbras...).

✓ O cortisol tem uma função especial: afeta profundamente o sistema imunológico, inibindo (em primeiro lugar) a inflamação. Trataremos disso mais detalhadamente, já que é imprescindível para entender o surgimento de algumas doenças graves. Diante do estresse, o organismo dosifica seus recursos genéticos. O sistema imunológico precisa de uma grande quantidade de energia; por isso, quando adoece você se sente esgotado; em grande medida sua energia está sendo canalizada e usada por seu sistema defensivo.

✓ Finalmente, altera vários sistemas em nível endocrinológico:
* Sistema reprodutivo; por isso o estresse e o sofrimento podem alterar o ciclo normal da mulher ou a capacidade de engravidar.
* Sistema de crescimento, inibindo-o.

* Sistema tireóideo, com o surgimento de alterações (tanto hiper como hipotireoidismo) ou outras doenças relacionadas a essa glândula.

A tudo isto se acrescenta um fator relativo ao crescimento do corpo. Diante de uma ameaça iminente, seu corpo precisa de toda a energia possível. Por isso, paralisa e bloqueia tudo que é prescindível, inclusive o que tenha a ver com o crescimento. Todos os dias morrem milhões de células e por isso o ser humano precisa de uma regeneração celular diária, mas se interferimos – por estresse – nesse crescimento, o corpo adoece, porque está perdendo células que não consegue substituir.

O QUE ACONTECE QUANDO VOCÊ VOLTA AO LUGAR DO EVENTO TRAUMÁTICO?

Um tempo depois você volta ao mesmo lugar. Senta na poltrona e de repente, sem saber por que, fica em estado de alerta. Se levanta e procura com o olhar algum lugar próximo da porta de emergência. Pensa melhor e muda de lugar para sentir a proximidade da saída. O que acontece é que está revivendo a angústia do episódio anterior. Nesse momento seu corpo está gerando a mesma quantidade de cortisol de quando o alarme tocou "de verdade".

> Sua mente e seu corpo não distinguem o que é real do que é imaginário.

O cérebro, portanto, altera profundamente nosso equilíbrio interno. Quando pensamos em coisas que nos preocupam, esses pensamentos têm um impacto semelhante à situação real. Cada vez que imaginamos algo que nos dá agonia, se ativa no organismo o mesmo sistema de alerta, e é liberado o cortisol que seria necessário para fazer frente a essa ameaça.

O QUE ACONTECE QUANDO VIVEMOS CONSTANTEMENTE PREOCUPADOS COM ALGO?

As preocupações ou as sensações de perigo – real ou imaginário – prolongadas podem aumentar os níveis de cortisol em até 50% acima do recomendável. Um dado fundamental para entender o estresse: o corpo não se põe em movimento exclusivamente diante de um perigo real ou de uma ameaça. Também se ativa – da mesma maneira! – diante da preocupação de podermos perder nosso trabalho ou nossos bens, ou diante da possibilidade de que periguem nosso prestígio, uma amizade ou nossa posição social na comunidade ou em um determinado grupo.

O cortisol é um hormônio cíclico. Durante a noite seu nível é baixo e sobe ao máximo às oito da manhã, voltando depois a cair de maneira progressiva. A liberação do cortisol possui um padrão que segue habitualmente o ritmo da luz: se libera mais ao acordar, o que é de certo modo benéfico para nos ativar pelas manhãs, decresce ao longo do dia e aumenta ligeiramente ao anoitecer.

> Quando o cortisol se eleva de forma crônica, passa a se comportar como um agente tóxico.

O estresse é um dos fatores predominantes na articulação da resposta inflamatória do organismo. Através dos três principais circuitos – endócrino, imunológico e neuronal –, o estresse provoca modificações substanciais no correto funcionamento dos sistemas envolvidos no processo inflamatório.

– No endócrino, o organismo responde ativando a liberação do cortisol e da norepinefrina. Se alguém se "intoxica" pelo cortisol no sangue, é produzida uma alteração da resposta inflamatória.

– O sistema imunológico também tem uma relação importante com a resposta inflamatória. As células de defesa que dispõem, em sua membrana, de receptores específicos para o cortisol se tornam mais sensíveis e param de controlar de forma tão específica a infamação.

– O sistema nervoso é o responsável pela elaboração e coordenação da resposta diante de uma ameaça de perigo. O cérebro, mediante o sistema nervoso periférico (o sistema nervoso simpático possui uma função importante) apoiado pelo sistema hormonal (cortisol), coloca em alerta o resto do corpo. Esses sinais permitirão as mudanças de nosso organismo a que nos referimos para se adaptar a esse perigo. Se o estresse vira crônico, os mecanismos de adaptação e reação se saturam, podendo se produzir um bloqueio neurológio que ocasione diferentes enfermidades.

> Portanto, uma pessoa sob estresse contínuo sofre principalmente dois problemas: por um lado, o crescimento e a regeneração saudável do corpo se detêm e; por outro, o sistema imunológico se vê inibido.

ENTENDAMOS O SISTEMA NERVOSO

O sistema nervoso vegetativo é formado pelo conjunto de neurônios que regulam as funções involuntárias. Esse sistema, por sua vez, se subdivide no sistema nervoso simpático e no nervoso parassimpático, dois sistemas completamente antagônicos, o primeiro relacionado com a ação e o segundo, com o repouso.

O SISTEMA NERVOSO SIMPÁTICO

É relacionado com o instinto de sobrevivência, com o comportamento que é ativado nos momentos de alerta. Coloca em marcha mecanismos de aceleração e força da contração cardíaca, estimula a dilatação capilar e a sudoração. Facilita a contração muscular voluntária, provoca a dilatação dos brônquios para facilitar uma rápida oxigenação, propicia a constrição dos vasos redirecionando a irrigação sanguínea desde as vísceras até os músculos e ao coração. Provoca a dilatação da pupila para captar melhor tudo que nos cerca e estimula as glândulas suprarrenais para a descarga de adrenalina e cortisol. Tudo isto é muito positivo para nos manter atentos em situações novas, inusitadas, nas quais sentimos incerteza ou nas quais nossa segurança pessoal se vê ameaçada. Se for necessário fugir, é conveniente que o sangue não esteja em nosso aparelho digestivo, mas nos músculos de nossas extremidades, pois teremos tempo para fazer a digestão quando estivermos a salvo da ameaça que desaba sobre nós.

O sistema simpático é, portanto, um elemento-chave na reação de estresse que acontece diante do desconhecido, daquilo que não controlamos ou com o que não estamos familiarizados. Mas uma ativação constante desse sistema pode ser muito prejudicial para a saúde, entre outras coisas, porque impede a regeneração dos tecidos que favorece o sistema parassimpático.

O SISTEMA NERVOSO PARASSIMPÁTICO

Prioriza a ativação das funções peristálticas e secretoras do aparelho digestivo e urinário. Propicia o relaxamento dos esfíncteres para eliminar os excrementos e a urina, provoca a constrição dos brônquios e da secreção respiratória. Fomenta a vasodilatação para redistribuir o fluxo sanguíneo para as vísceras e favorecer a excitação sexual, e é responsável pela diminuição da frequência e da força da contração cardíaca. Em geral, o sistema nervoso parassimpático está relacionado com o cuidado das células e dos tecidos, evitando ou reduzindo sua deterioração, de tal forma que possamos viver mais tempo e em melhores condições.

OS SINTOMAS DERIVADOS DESSE "CORTISOL TÓXICO"

A vida atual é mais "inflamatória" do que a de antes.

O estresse crônico reduz a sensibilidade das células imunitárias ao cortisol. Ou seja, o sistema defensivo do organismo é desativado e é incapaz de lutar contra uma ameaça real. Freia a capacidade de regulação inflamatória e, portanto, o corpo é incapaz de nos defender dos perigos. De fato, depois de situações de ameaça, medo ou tensão são ativadas substâncias – prostaglandinas, leucotrienos, citocinas... – que podem ser profundamente prejudiciais para os tecidos. Esta é a causa pela qual nesses momentos somos mais propensos a contrair infecções. Quem nunca adoeceu alguns dias depois do início das férias? Nosso corpo se debilita e abre caminho para algum resfriado, infecção urinária ou gastroenterites...

Essa alteração do cortisol/sistema imunológico chega até os genes. Sabemos que o "cortisol tóxico" altera até os níveis mais profundos. As células "novas" chegadas da medula óssea serão insensíveis ao cortisol desde o nascimento. Isto pode ser a causa de muitas doenças e transtornos de hoje em dia. Estamos em pleno campo da experimentação.

A simples ideia de se sentir ameaçado aumenta a produção das citocinas inflamatórias, proteínas que podem ser muito danosas para várias células do organismo. Isto costuma ser associado a uma redução de células do nosso sistema imune, o que nos torna mais propensos a contrair infeções.

E ao contrário! Quando, em vez de nos sentirmos ameaçados por outros, nos sentimos compreendidos e colaboramos com os demais, é ativado o nervo vago, que faz parte do sistema parassimpático.

O que acontece quando, por estresse, problemas de várias naturezas, temores ou tensão, o nível de cortisol fica elevado durante muito tempo? As pessoas que vivem constantemente estressadas, em estado de alerta ou com medo, sofrem uma maior deterioração de suas células e um envelhecimento precoce. Hoje sabemos que muitas doenças são ativadas e começam depois de períodos de estresse crônicos nos quais os indivíduos convivem com essas sensações.

O nível do cortisol, como temos explicado, aumenta em circunstâncias de medo, de ameaça, de tristeza ou de frustração. Quando estamos "intoxicados" pelo cortisol, esse hormônio está inundando o sangue em lugar da serotonina ou da dopamina, hormônios que têm um impacto positivo e de bem-estar no corpo e na mente.

Esta sintomatologia é produzida em três níveis: físico, psicológico e comportamental.

FÍSICO

Vou enumerar alguns: queda de cabelos – alopecia –, tremor dos olhos, sudoração excessiva nas mãos e nos pés, secura da pele, sensação de nó na garganta, aperto no peito, sensação de asfixia, taquicardias, parestesias – adormecimento das extremidades –, problemas e alterações gastrointestinais, irritação no reto, dores musculares, problemas nas tiroides, enxaquecas, tiques, artrites, fibromialgias...

Nas mulheres é muito frequente que se veja alterado o ciclo menstrual, já que os hormônios responsáveis por ele são especialmente sensíveis ao estresse.

Por que tudo me dói?

Bater-se, ferir-se, cair são coisas que fazem parte da vida de qualquer um. O organismo responde a esses acidentes acionando os mecanismos de autocura, entre eles a inflamação. Essa resposta é boa e saudável porque defende o corpo de infecções e de males piores ajudando a reparar o dano produzido nas células e nos tecidos. Essa rigidez da musculatura – que facilita a ruptura de fibras –, a sensação de dor constante, de desconforto, tensões ou contrações que todos já experimentamos, tem uma explicação cuja causa principal nem sempre está no aparelho locomotor. O estresse mantido de forma crônica, a falta de exercício saudável ou a alimentação são algumas das causas dessa dor constante. Esta é uma das razões pelas quais hoje se abusam dos AINES, fármacos anti-inflamatórios como o ibuprofeno.

As dores musculares não são devidas apenas à inflamação provocada pelo mecanismo adrenal-cortisol-imunológico, mas pela ativação do sistema nervoso simpático que leva, de forma involuntária, o corpo a adotar uma postura defensiva. Às vezes essas moléstias musculares são muito intensas na região mandibular – transtorno da ATM, articulação temporomandibular. São produzidas devido a um movimento constante de apertar os dentes – bruxismo –, que acabam desgastando-os e prejudicando a articulação da mandíbula. O bruxismo é especialmente intenso durante a noite. Hoje é muito comum dormir com aparelhos adaptados para esse problema.

PSICOLÓGICO

Acontece uma mudança nos padrões do sono – dedicaremos uma seção a isso –, irritabilidade, tristeza, incapacidade de se divertir, apatia e abulia. Em um estado permanente de alerta surgem falhas de concentração e/ou de memória etc. A ansiedade permanente é a porta para a depressão. Muitas depressões provêm de viver em estado de alerta durante longos períodos de tempo.

A memória é muito sensível aos níveis de cortisol. O hipocampo é a zona do cérebro responsável pela aprendizagem e a memória, e é afetado diretamente pelas mudanças do nível de cortisol. Certamente já aconteceu com você: chega a uma prova para a qual estava mais ou menos preparado, mas está muito nervoso e não se lembra de nada. Mas como, se havia estudado? Explicando de forma simples: o que lhe aconteceu é que seu hipocampo foi bloqueado por culpa de um aumento súbito de cortisol. Esses nervos antecipatórios, cuja fonte é um "E se for reprovado, o que vai acontecer? Não me lembro. Certamente vão me perguntar o que não sei...", bloqueiam o hipocampo e a memória, fazendo com que nossos temores, inicialmente infundados, se tornem realidade.

COMPORTAMENTAL

Com altos níveis de cortisol a pessoa tende ao isolamento, não deseja ver seus amigos ou parentes. Tem dificuldade para começar uma conversa e evita as atividades habituais. Por outro lado, mostra-se inexpressiva em eventos sociais, sem vontade de se abrir para os outros.

> O estresse fisiológico – eustresse – não é negativo nem tóxico, pelo contrário. É a resposta natural que o organismo aciona diante de uma ameaça real ou imaginária, imprescindível para a sobrevivência em momentos de perigo e nos ajuda a responder da melhor maneira possível aos desafios. O realmente prejudicial acontece quando, desaparecida ou sendo infundada a dita ameaça, a mente e o corpo continuam percebendo a sensação de perigo ou medo.

MINHA MENTE E MEU CORPO
NÃO DISTINGUEM A REALIDADE DA FICÇÃO

Esta é outra das principais ideias que quero compartilhar neste livro. O cérebro não sabe diferenciar o que é real do que é imaginário. Toda vez que modificamos o estado mental – de forma inconsciente ou consciente – se produz uma mudança no organismo tanto molecular como celular e genético. Da mesma forma, quando modificamos o físico, a mente e a emoção o percebem. Tenho insistido ao longo deste capítulo na importância de tomar consciência dos pensamentos. Pensar altera nosso organismo. A mente vai se adaptando e reconfigurando dependendo de fatores, circunstâncias e vivências do dia a dia.

> Um cérebro estressado é a consequência de vivermos inundados de pensamentos tóxicos.

A mente tem um extraordinário controle e influência sobre o corpo. Os pensamentos influem de forma direta na mente e no organismo. Se você fechar os olhos e imaginar alguém a quem ama, em um entorno amável, então seu corpo libera oxitocina, dopamina... Você pode chegar a sentir em seu corpo um calafrio, arrepio da pele ou um sem-fim de sinais físicos. Os apaixonados – seria necessário um livro inteiro sobre isto! – possuem uma sensação de bem-estar emocional, psicológica e física fortíssima. Se imagino alguma coisa que me assusta – uma prova, uma reunião, a possibilidade de ser demitido, não ter dinheiro... –, automaticamente gero hormônios de estresse.

Vou dar um exemplo simples. Feche os olhos e visualize um limão-siciliano. É amarelo, ovalado... Sinta-o na mão, toque-o bem. Aproxime-o do nariz. Pegue uma faca e parta-o. O que percebe? Já começou a salivar? Corte um pedaço e o aproxime da boca, prove seu sabor, até se arrisque a dar uma mordida. Abra os olhos. É claro que o limão não está ali, mas seu corpo reagiu como se estivesse. A imaginação tem um poder impressionante sobre a mente.

Os pensamentos exercem um grande poder sobre seu cérebro e seu corpo. Se você mostra à mente constantemente um evento do passado ou um possível acontecimento negativo do futuro, seu cérebro entende onde você quer se apoiar, em que quer ficar focado. O que acontece? Sua atenção fica presa, agarrada em pensamentos tóxicos do passado e do futuro, ou seja, sua mente não consegue administrar e focar sua atenção de forma correta. Para entendermos de forma mais visual, toda vez que pensamos em alguma coisa negativa, angustiante ou prejudicial, o cérebro recebe um sinal para elaborar circuitos neuronais especializados que nos assentarão de forma fixa nessas ideias. A mente não distingue o real do imaginário. Veremos mais adiante sugestões concretas para reeducar os pensamentos e dominar o fluxo de ideias negativas que bloqueia nossa mente.

ALIMENTAÇÃO, INFLAMAÇÃO E CORTISOL

Alguns dizem que somos o que comemos. Eu sou mais partidária do "somos o que sentimos, pensamos e amamos", mas tenho consciência de que a alimentação tem um papel fundamental na saúde. Sabemos que alguns alimentos têm uma relação importante com doenças graves, como pode ser o câncer, e, portanto, não é algo que devamos desdenhar. Nos últimos anos os hábitos alimentares se modificaram ostensivamente. Na atualidade, segundo dados de especialistas em nutrição, nosso organismo ingere 30% a mais de alimentos pró-inflamatórios do que há alguns anos.

As pessoas com inflamação crônica possuem níveis abaixo do recomendável de algumas vitaminas – D, E e C – e de ômega 3. Por outro lado, a inflamação persistente altera a barreira intestinal, promovendo maior permeabilidade a certas substâncias. Isto acaba prejudicando o sistema imune, podendo acabar em mal-estar e reações negativas após a ingestão de alguns alimentos.

Os alimentos que ativam a inflamação têm uma enorme relação com a liberação de insulina pelo pâncreas. Entre estes "suspeitos habituais" estão o álcool – sobretudo em doses altas –, gorduras saturadas, bebidas açucaradas e farinhas refinadas, especialmente as usadas na confeitaria industrial.

Cuidado com a CRI, a "comida rápida inflamatória". De acordo com um estudo publicado recentemente em Harvard, as mulheres com alimentação rica em produtos inflamatórios – farinhas brancas, gorduras saturadas e trans, bebidas açucaradas e carnes vermelhas – têm um risco 41% maior de sofrer de depressão. É preciso voltar aos alimentos que têm efeito anti-inflamatório, como:

- O ômega 3 (detalhes no oitavo capítulo).

- Algumas especiarias, como a cúrcuma, que tem um potente efeito anti-inflamatório.

- Os cítricos.

- A vitamina D. Existem cada vez mais estudos que associam a depressão a baixos níveis de vitamina D. Os psiquiatras estão começando a avaliar os níveis de vitamina D de seus pacientes e têm observado uma melhora de sintomas depressivos depois do tratamento com vitamina D.

- A cebola, o alho-poró, a salsinha, o louro e o alecrim. De fato, em algumas lesões de pé ou tornozelo, mergulhar o pé em água com louro tem um bom efeito na diminuição da inflamação.

QUAL É O PAPEL DO APARELHO DIGESTIVO NA INFLAMAÇÃO?

Há alguns anos me propuseram fazer um estudo sobre os probióticos, a flora intestinal e sua relação direta com o estado emocional ou mental. Reuni muitas informações a respeito, relendo artigos e publicações sobre o tema. É um campo apaixonante, com muito futuro, e nos últimos anos se multiplicaram os estudos a respeito.

Impera uma conexão importante do cérebro com o intestino. O tubo digestivo, que abarca desde o esôfago até o ânus, está atapetado por mais de 100 milhões de células nervosas – isto é equivalente a tudo o que existe no sistema nervoso central-cérebro, cerebelo-tronco...! Por outro lado, dentro do tubo digestivo contamos com mais de 100 bilhões de micro-organismos. Têm uma função importante no processamento dos nutrientes e alimentos e liberam uma grande quantidade de moléculas para o intestino. Estas podem chegar a influir no organismo de forma essencial.

Essas pesquisas são recentes e em muitos aspectos ainda estão engatinhando, mas os primeiros estudos publicados a respeito em experiências com camundongos mostram que a carência de flora bacteriana tem uma repercussão importante no organismo, inclusive no cérebro. Está se dando especial atenção à relação causa-efeito entre certas mudanças bruscas na flora bacteriana e simultâneas alterações do estado de ânimo ou da conduta do paciente.

As teorias são diversas. Uma versão publicada em 2015 – Kelly *et al.* – sugere que as deficiências na permeabilidade do intestino podem ser a causa da inflamação que aparece nos transtornos do humor. Por outro lado, se postula que alguns micro-organismos liberam substâncias que desempenham o trabalho de neurotransmissores no cérebro. Finalmente, há quem especule que algumas das substâncias produzidas por esses micro-organismos do tubo digestivo afetam diretamente o sistema imune ou o sistema nervoso.

> A microbiota tem um papel fundamental na regulação da permeabilidade intestinal e no componente inflamatório da depressão.

A serotonina, hormônio da felicidade e do bem-estar, do apetite, da libido e de múltiplas funções da mente e do corpo, é a responsável pelos estados de ansiedade e depressão. Seria um erro reduzir a depressão aos níveis de serotonina cerebrais. Aproximadamente 90% da serotonina do corpo é produzida no intestino e o resto no cérebro.

Cada vez são feitas mais pesquisas sobre os probióticos e o estado de humor. Em dezembro de 2017, a revista *Brain, Behavior and Immunity* publicou um estudo sobre como os probióticos se contrapõem às tendências depressivas. Os pesquisadores da Universidade de Aarhus destacaram os benefícios dos probióticos não apenas para a saúde intestinal, mas para o estado de humor.

Há alguns meses foi publicado um estudo, liderado pela doutora Nicola Lopizzo, que relaciona o mal de Alzheimer com a inflamação e a microbiota. Observou-se que as pessoas com a doença possuem uma microbiota diferente da dos sujeitos saudáveis que participaram do estudo. Hoje em dia se postula que a inflamação tem um papel-chave no desenvolvimento e na evolução do mal de Alzheimer. Acredita-se que essa inflamação pode ser influenciada pela microbiota. Tudo isso é um campo apaixonante que nos leva a continuar investigando nesta direção.

PODEMOS CONSIDERAR A DEPRESSÃO UMA DOENÇA INFLAMATÓRIA DO CÉREBRO?

Depois de tudo o que lemos – e compreendemos! – até agora, sabemos que existe uma relação importante entre a inflamação, especialmente a crônica, e as enfermidades. Mas o que acontece com a depressão? Qual é o papel da inflamação nos processos depressivos?

Nos últimos anos se levantaram várias vozes no mundo da ciência para explicar essas relações, o que me parece apaixonante. Em fevereiro de 2018, a equipe do doutor Meyer publicou na respeitada revista *Lancet* a primeira evidência científica do papel da inflamação na depressão. Constatou, depois de analisar imagens exaustivamente – com técnica de emissão de pósitrons (PET, na sigla em inglês) –, que pessoas que haviam sofrido de depressão ao longo de anos mostravam alterações no cérebro, com um incremento nas células inflamatórias, ou seja, um excesso na resposta imunitária.

Por outro lado, se observou que depois de administrar alguns fármacos imunomoduladores, como pode ser o interferon *a* (INF-*a*) para o tratamento da esclerose múltipla, o melanoma, a hepatite C e outras doenças, muitas dessas pessoas apresentavam uma sintomatologia depressiva de forma comórbida.

O que acontece com crianças que sofrem violência, traumas, feridas graves e *bullying*?

Estudos recentes (Catanneo, 2015) sugerem que o estresse na infância – *bullying*, separação dos pais, abuso físico ou psicológico... – provoca processos inflamatórios que podem tornar as crianças mais propensas a sofrer transtornos de humor, maior vulnerabilidade e inclusive provocar depressão na idade adulta. Atualmente isso pode se "medir" no sangue. Não esqueçamos que um dos principais problemas no diagnóstico e tratamento da depressão é a falta de elementos que permitam enfrentá-la de forma mais personalizada e específica. Um dos parâmetros mais confiáveis nesse aspecto é a proteína C reativa no sangue.

> A proteína C reativa (PCR) elevada no sangue está relacionada a falta de energia, alterações do sono e do apetite.

É razoável que sejam apresentadas alternativas aos pacientes que não respondam aos antidepressivos conhecidos. Uma solução pode estar em medir os níveis dos marcadores inflamatórios, como são a IL-6, o TNF alfa e a PCR (proteína C reativa). Sabe-se que pode haver elementos confiáveis no diagnóstico e acompanhamento da depressão: as pessoas com depressão possuem a proteína C reativa quase 50% mais elevada que o resto.

> A inflamação crônica sustentada de baixo grau tem um papel fundamental na possibilidade de desenvolvimento da depressão e da psicose.

Em outubro de 2016, o doutor Golam Khandaker, do Departamento de Psiquiatria da Universidade de Cambridge, publicou um artigo na revista *Molecular Psychiatry*. Esse artigo estudava os efeitos, na depressão, de anti-inflamatórios. Foram usados fármacos anticitocinas – antimoléculas inflamatórias – no tratamento de doenças inflamatórias autoimunes. Ao examinar os resultados e analisar os efeitos secundários, perceberam – com surpresa! – que existia uma melhora dos sintomas depressivos.

Os tratamentos farmacológicos estão longe de ser infalíveis: um terço dos pacientes não responde aos antidepressivos que estão no mercado. Diante desse vazio, a inflamação parece ser um elemento essencial em muitas pessoas que sofrem de depressão. Talvez em um futuro não muito distante seja possível associar fármacos anti-inflamatórios[6] aos pacientes resistentes ao tratamento convencional da depressão. Estaríamos falando de anti-inflamatórios biológicos, similares aos que são usados nas doenças autoimunes – anticorpos monoclonais anticitocinas.

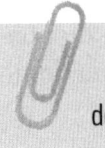

> Cerca de um terço dos pacientes que não respondem aos antidepressivos convencionais mostram evidências claras de inflamação.

Resumindo:

✓ A depressão está ligada a uma inflamação crônica de baixo grau associada a uma ativação do sistema imune (por causa das citocinas e outras substâncias).

✓ A depressão se apresenta com frequência nas doenças inflamatórias, cardiovasculares e no câncer.

✓ A administração de alguns fármacos imunomoduladores produz sintomatologia depressiva.

✓ As pessoas que sofrem de diabetes têm um risco duas vezes maior de sofrer depressão.

✓ Hoje sabemos que o estresse, o tabaco, as alterações digestivas e os baixos níveis de vitamina D são acompanhados por uma resposta

---

6 Não se trata dos fármacos anti-inflamatórios que conhecemos, como o ibuprofeno, embora focados em acertar os alvos bioquímicos dos processos inflamatórios da depressão. (N. A.)

inflamatória. A inflamação não apenas fomenta o começo da depressão, mas é um fator-chave em sua resposta ou remissão.

- ✓ A inflamação é um processo essencial na depressão. Deve ser levada em conta em vários momentos; como fator da enfermidade, mas também como resposta ao tratamento. Pode ser útil acompanhar os níveis de inflamação no decorrer do tratamento para observar as possíveis resistências ou resposta ao mesmo.

- ✓ O estudo da inflamação nos dá acesso a um mundo novo de possibilidades no tratamento das depressões resistentes aos tratamentos convencionais.

- ✓ É chave para entender e associar sintomas e transtornos orgânicos que coexistem (doenças cardiovasculares, depressão, ansiedade crônica, transtornos endócrinos etc.).

- ✓ Quando adoecemos, geramos substâncias que avisam ao corpo que alguma coisa não está funcionando: as famosas citocinas. Na depressão, os níveis de citocinas se elevam de forma significativa. Em outras doenças mentais, como pode ser o transtorno bipolar, sabemos que nas fases de remissão os níveis de citocinas se estabilizam.

CAPÍTULO 4

NEM O QUE ACONTECEU NEM O QUE VIRÁ

SUPERAR AS FERIDAS DO PASSADO E OLHAR PARA O FUTURO COM ESPERANÇA

Enquanto psiquiatra, costumo definir a felicidade como a capacidade de viver instalado de maneira saudável no presente, tendo superado as feridas do passado e olhando com esperança o futuro. Aqueles que vivem presos ao passado são os depressivos, neuróticos e ressentidos; os que vivem angustiados pelo futuro são os ansiosos. Depressão e ansiedade são as duas grandes doenças do século 21.

> 90% das coisas que nos preocupam jamais acontecem, mas o corpo e a mente as vivem como se fossem reais.

Vivemos constantemente preocupados com coisas que não têm por que acontecer. E se não for aprovado? E se me demitirem? E se não me aceitarem na universidade? E se não fizer bem este projeto? E se não renovarem minha bolsa? E se meu companheiro me deixar? E se acontecer alguma coisa com meu filho? E se adoecer? E se meus pais adoecerem? Esse "e se..." constante tem um impacto muito forte no corpo e na mente. Não se esqueça de que você só pode agir, sentir e responder no momento presente. Tem que se responsabilizar sobre sua atuação neste instante, sobre sua capacidade de proceder no aqui e agora.

> Se você pergunta a alguém o que o preocupa, essa pessoa lhe responde sobre o passado ou sobre o futuro. Esquecemos de viver no presente!

VIVER PRESO AO PASSADO

O passado carrega uma fonte valiosa de informação, mas não pode predestinar seu futuro. O fato de permanecer com a mente ancorada no passado, de voltar uma e outra vez a algo que já aconteceu, pode originar em nós efeitos perversos que vão desde emoções ou sensações como a melancolia, a frustração, a culpa, a tristeza ou o ressentimento até a própria depressão.

Todas elas têm um componente comum, que nos impede de aproveitar o presente. Ao ficarmos presos no passado estamos impedidos de avançar na vida.

A CULPA

Poucas emoções podem ser tão tóxicas e destrutivas como a culpa. Ela consiste em sentir que você não agiu corretamente ou não atendeu às expectativas que havia gerado, decepcionando assim outras pessoas – e a si mesmo!

A origem da culpa pode ter causas diversas: o nível de exigência – ou autoexigência –, a educação dos pais, os tabus existentes, o colégio, a relação com os companheiros, temas sexuais mal compreendidos na infância e adolescência ou interpretações incorretas ou extremas da religião. De fato, a culpa tem vários focos:

- ✓ Pode se originar dentro de você. Neste caso, você carrega em sua mente uma falha ou decepção. Seu ponto de mira está em você, em suas limitações ou em seus erros. Você se trata com desprezo, com uma dureza terrível que o impede de avançar e ver o que é positivo.

- ✓ Pode vir do exterior. Quando seu entorno lhe recorda e o aponta com o "dedo acusador": na infância, "você deveria ter vergonha...", "se fizer isso seu pai vai ficar triste..."; ou na idade adulta, "você deveria ter estudado Economia", "não deveria ter casado com...", "não deveria ter entrado nesse negócio...", "deveria ter visto que ele estava chegando...".

> **Cuidado!**
> Tanto as vozes internas como as externas podem ser igualmente prejudiciais para a mente e o corpo.

A culpa nos faz afundar; não permite avançar. Alguns sentimentos de culpa podem levar a estados de humor severos. Trato com relativa frequência, em meu consultório, de personalidades muito neuróticas, deprimidas, que se instalaram em um processo de culpa que não conseguem sanar. Quando a culpa tiver uma base real – sim, às vezes cometemos erros graves! – tente fazer com que esse passado errôneo seja um impulso para melhorar, para aprender e superar essa queda.

O CASO DE CATALINA

Catalina se casou com 31 anos. Trabalhou toda a vida em uma empresa multinacional, viajou pela Espanha e por toda a Europa. Gosta do seu trabalho e nunca sentiu o instinto maternal.

Aos 33 foi mãe pela primeira vez. Depois do parto, durante a licença-maternidade, começou a sentir um grande apego por seu filho Eduardo. Ela mesma se surpreendia lendo sem parar sobre bebês, lactância e maternidade. Inscreveu-se em várias páginas da *web* para aprender e ficar mais informada. Frequentou grupos de pós-parto com outras mães, levava o filho a massagens e se dedicava a conversar com outras mães sobre a evolução diária e o desenvolvimento do pequeno Eduardo.

Passaram-se quatro meses e chegou o dia em que precisava voltar ao trabalho. Ela, que sempre havia sido uma pessoa com grande estímulo profissional, começou a ter sensações de angústia dias antes da reincorporação. Ao voltar ao trabalho era incapaz de se desconectar de sua casa e ativou em seu celular um sistema para ver como estava seu bebê ao longo do dia.

Quando saía de casa, surgia nela um "sentimento terrível de culpa" por estar abandonando seu filho. Esse pensamento derivou em um estado de alerta e angústia que a impedia de render no trabalho. Em sua mente se amontoavam pensamentos de culpa e seu único desejo era chegar em casa, abraçar seu filho e ficar com ele. Percebeu que estava forçando uma relação doentia entre mãe e filho. Alguns meses depois pediu licença por ansiedade.

Quando a vi no consultório pela primeira vez me dei conta de que desenvolvera um estado depressivo ansioso decorrente da culpa. Ela nunca imaginou que poderia sentir esse instinto – natural por outro lado, mas anulado nela durante tantos anos! – e agora mesmo, cada vez que lhe surge a ideia de trabalhar, milhares de pensamentos tóxicos se acumulam em sua cabeça, julgando-se e criticando o fato de abandonar seu filho.

Começamos uma terapia para ver exatamente o nível de angústia que apresenta. Por outro lado, começamos a esmiuçar seu interior, seu bloqueio e ansiedade derivados da culpa. Nos demos conta de que provém de uma família em que sua mãe sempre trabalhou – seus pais eram separados e o pai vivia longe – e nunca teve uma relação próxima com ela. Catalina explica:

– Minha mãe passava o dia trabalhando fora e nos deixava na casa de uma vizinha. Lá fazíamos os deveres e brincávamos com seus filhos. Poucas vezes me deu um beijo ou disse que me amava. É muito fria, excessivamente prática e me julga com muita dureza quando faço alguma coisa errada.

A terapia durou vários meses, até que começou a aceitar os sentimentos de apego que estavam inibidos nela. Aprendeu a entender sua mãe, as circunstâncias que cercaram sua infância e a amá-la tal como é. Hoje trabalha, em jornada reduzida, e espera seu segundo filho cheia de esperanças.

COMO APAZIGUAR O SENTIMENTO DE CULPA

- ♡ Preste atenção e anote as principais culpas que assaltam sua mente ao longo do dia. Observe quais são os acontecimentos de sua vida que lhe afetam mais. Aceite que talvez você se julgue com muita dureza em alguns assuntos.

- ♡ Faça uma lista de falhas, culpas ou faltas que possa ter cometido ao longo da vida e que tenham marcado você de alguma maneira. Sem exagerar, não seja excessivamente duro nem excessivamente indulgente. Fique em um ponto médio. Pontue-as de zero a cinco. Graças a suas anotações você perceberá que pode avaliar de maneira precisa sua percepção de culpabilidade.

- ♡ Observe o evento de seu passado que o atormenta como se estivesse sentado em um trem, vendo essa cena da sua vida passar na sua frente. Dê-se conta de que não há forma de interferir nela. A culpa não ajuda, não o faz crescer. Não lhe tira a dor, a angústia ou a desesperança. Isto é apenas uma emoção tóxica que impede você de avançar e que é necessário processar e destruir.

♡ Volte ao seu presente com esta pergunta arriscada: o que estou perdendo de meu presente por viver preso na culpa? Você se surpreenderá: coisas boas estão acontecendo em seu entorno, certamente, mas você não é capaz de perceber!

♡ Aprenda a se amar. Para estar de bem com a vida, o mais necessário é saber estar bem consigo mesmo. As pessoas que se instalam na culpa não conseguem visualizar suas forças e seus talentos. Percebem que tudo recai constantemente nelas por suas limitações ou defeitos (sua percepção está distorcida!).

♡ Cuidado com o "vitimismo". A culpa é uma rampa escorregadia que acaba em muitas ocasiões no vitimismo, comportamento neurótico e tóxico que entorpece sua visão da vida e sua maneira de se relacionar com os outros.

♡ Procure em você coisas que te agradem. Elas existem, mas, às vezes, seu estado de espírito, sua fixação no passado, o impedem de ver. Certamente existem, dentro de você, aptidões que podem ser um impulso para crescer positivamente, embora não agradem a outros! Aí está seu maior desafio: desapegar-se da opinião e do julgamento dos outros.

♡ Estabeleça seus valores. A culpa implica que todo o sistema de valores oscile. A pessoa fica sem saber em que crê nem por que crê. O que rege sua vida? Reflita se não está sendo muito duro com você mesmo por algo imposto de fora ou por exigências que você foi carregando ao longo da vida.

A DEPRESSÃO

A depressão é uma doença do nosso tempo. De fato, é mais correto falar de depressões, assim, no plural, já que existem múltiplos tipos que podem chegar a aflorar na realidade clínica. As depressões são, na atualidade, uma das grandes epidemias da sociedade moderna. Na Espanha existem em torno de 2 milhões e meio de pessoas que padecem dela.

É uma doença e como tal tem algumas causas, alguns sintomas, um prognóstico, um tratamento e, em alguns casos, uma possível prevenção. Existem dois tipos de depressão: as endógenas e as exógenas. Entre elas cabe um espectro intermediário, as formas mistas. Por outro lado, existem depressões reativas. São devidas a motivos da própria vida.

Hoje em dia se acredita que tudo isso está mais interligado do que se supunha havia alguns anos. Existem vários circuitos neuronais envolvidos na depressão; os mais estudados são os monoaminérgicos – serotonina, dopamina e noradrenalina; no entanto, não está demonstrado que nenhum desses circuitos possua uma degeneração ou disfunção clara responsável pela sintomatologia – como acontece no Alzheimer, Parkinson e em outras enfermidades neurológicas.

Alguns postulam hoje que a hipótese neurobiológica da depressão tem relação com a neuroplasticidade nos circuitos encarregados das funções emocionais e cognitivas. Ou seja, falaríamos mais de um transtorno dos circuitos do que dos próprios transmissores em si.

> A depressão é a doença da tristeza. Nela pode convergir uma infinidade de sintomas negativos: pena, abatimento, apatia, desânimo, falta de vontade de viver, abulia e anergia – falta de energia para realizar qualquer atividade –, ideação suicida, problemas de sono e de atenção e concentração.

A depressão nos deixa sem energia, sem vontade de fazer nada. Seus sintomas são muito variados e oscilam entre o físico – dores de cabeça, opressão precordial ou moléstias difusas esparramadas por toda a geografia corporal –, psicológicos – o mais importante é a queda anímica, embora também seja frequente a falta de visão do futuro, já que tudo se torna negativo, enxadrezado por sentimentos de culpa –, de conduta – paralisação e bloqueio do comportamento, isolamento –, cognitivos – problemas de concentração e de memória; ideias e pensamentos sombrios –, que deformam a percepção da realidade contra nós, e sociais – também são chamados de assertivos: se confundem e perdem as habilidades sociais, e o trato e a comunicação interpessoal se tornam pesados e distantes. A sintomatologia da depressão pode ser, em muitas ocasiões, inespecífica e se manifestar na forma de transtornos somáticos; segundo alguns estudos, em torno de 60% dos motivos primários de consultas podem ser decorrentes dessas causas físicas.

Aquele que não teve uma verdadeira depressão clínica não sabe o que é a tristeza. O sofrimento da depressão pode chegar a ser tão profundo que só se veja como saída desse túnel o suicídio.

Ninguém está a salvo de sofrer uma depressão. É verdade que existem fatores de risco – familiares, genéticos, socioeconômicos... No entanto, os consultórios estão cheios de pessoas de todo tipo que atravessam o túnel escuro da depressão. Escritores, esportistas, músicos, atrizes, cantores, grandes empresários e homens de sucesso... Muitos reconheceram ter sofrido depressão ou ter estado em tratamento.

PERSONAGENS QUE SOFRERAM DEPRESSÃO

Vincent van Gogh. Gênio da pintura, foi internado em uma clínica psiquiátrica; desgraçadamente para ele e para a história da arte, piorou até o ponto de se suicidar. O pintor holandês de cabelos ruivos e orelha mutilada sentia que sua tormentosa vida carecia de sentido, profissionalmente se considerava um fracassado e de fato só vendeu um quadro na vida. Acabou se deixando levar. Suas últimas palavras foram: "A tristeza durará para sempre".

Michelangelo Buonarroti. No caso do, na opinião de muitos, melhor escultor da história, sua depressão teve origem no que denominaríamos de transtorno dismórfico corporal, ou seja, a obsessão por uma região do corpo que nos desagrada.

Dizem que Michelangelo tinha um aspecto não muito favorecido, caracterizado por um nariz desfigurado fruto de uma agressão de um dos seus inúmeros inimigos invejosos, Pietro Torrigiano, escultor muito temperamental. Este trabalhava na corte de Lorenzo de Medici, que tinha uma grande admiração por Michelangelo. Um dia, em um ataque de ciúme ou inveja, quebrou seu nariz. Isto provocou em Michelangelo um trauma, pelo qual se isolou e evitou companhias durante muitos anos. Seu bom amigo, o poeta Poliziano, foi um excelente apoio terapêutico nessa etapa de sua vida.

Ernest Hemingway. Sofreu uma depressão grave no final de sua vida. Sentia uma profunda tristeza e desilusão. Para tentar curá-la, submeteu-se a várias sessões de eletrochoque, tratamento até então pouco desenvolvido e rudimentar, que provocava efeitos graves e prejudiciais nos pacientes. Ernest perdeu a memória e sua cognição foi profundamente afetada. Quando recebeu o Prêmio Nobel em 1954 por toda sua carreira, suas palavras foram:

– Escrever no melhor nível implica levar uma vida solitária. As organizações para escritores são um paliativo para a solidão do escritor, mas duvido que melhorem seus escritos.

Seu pai se suicidara em 1928. Ao ser informado, suas palavras foram:

– Provavelmente partirei da mesma maneira.

De fato, alguns anos mais tarde, em 1961, cumpriu sua profecia.

Nas crianças, as depressões traduzem um comportamento e sintomatologia diferentes. Se manifestam através de sua conduta. A criança de 10 a 12 anos ainda não possui um vocabulário afetivo suficientemente rico e não sabe expressar verbalmente o que sente. É por isso que, para descobrir uma possível depressão nas crianças, precisamos estar atentos e interpretar assertivamente suas mudanças de comportamento: para de brincar, fala pouco, fica ensimesmada, se aborrece, chora com frequência, não se concentra e fracassa na escola. Os pais devem ser capazes de mergulhar nessas crianças apagadas que flutuam à deriva, perdem a esperança ou mudam sua forma de ser.

Hoje, afortunadamente, contamos com melhoras ostensivas no tratamento da depressão[7] em todos os níveis. É verdade que os avanços não acontecem tão depressa como se desejaria, e que todos conhecemos ou ouvimos falar de alguém que "passa toda a vida medicado". Combater os sintomas desde o começo e encontrar o tratamento adequado aumentam a possibilidade de cura. Muitas depressões provêm de estados de ansiedade permanentes – desenvolverei este tema em seguida – e, portanto, o tratamento deve ser orientado para trabalhar as bases do quadro anímico, a gestão do estresse, as emoções e as características mais profundas da personalidade.

UM EXEMPLO PARA A TERAPIA

No consultório, tendo a trabalhar em forma de esquema. Tento, de maneira simples, desenhar um modelo da personalidade do paciente plasmando sua forma de ser, sua gestão do estresse e seus sintomas psicológicos para que essa pessoa entenda o que acontece e possa trabalhar sobre isso. Vejamos um exemplo.

O CASO DE ALEJANDRA

Alejandra procurou o consultório por causa da depressão, ataques de pânico e enxaquecas constantes. Está há cinco anos em tratamento farmacológico com períodos de melhora que duram poucas semanas. Ao analisar sua personalidade a fundo encontramos uma mulher com traços de uma personalidade retraída – timidez exagerada –, que tende a ficar pensando demais nas coisas e com extrema hipersensibilidade. Estudamos o que para ela significam seus

---

[7] Para mais informações recomendo o livro *Adiós, depresión*, E. Roja, *Temas de Hoy*, 2006. (N. A.)

> momentos de estresse – a relação com os outros, trabalhar diretamente com o público e encontrar seu ex-marido, com quem tem uma relação complicada; e, por outro lado, a chegada do final do mês, quando sempre passa por problemas financeiros.
>
> Neste caso não se trata unicamente de dar uma medicação para a tristeza ou os ataques de pânico, mas trabalhar a causa – personalidade retraída –, na gestão do estresse – para esta pessoa, trabalhar com o público e os eventos sociais são um fator importante de tensão –, os sintomas de ansiedade que percebe – administração desta com conhecimento e técnicas de relaxamento – e, depois, a depressão – se precisa ser medicada, o que às vezes é necessário.

Em minha experiência no consultório, trabalhando com este formato, o paciente entende muito melhor o que acontece com ele e sabe exatamente como está trabalhando seu interior e qual é o alvo terapêutico da medicação administrada.

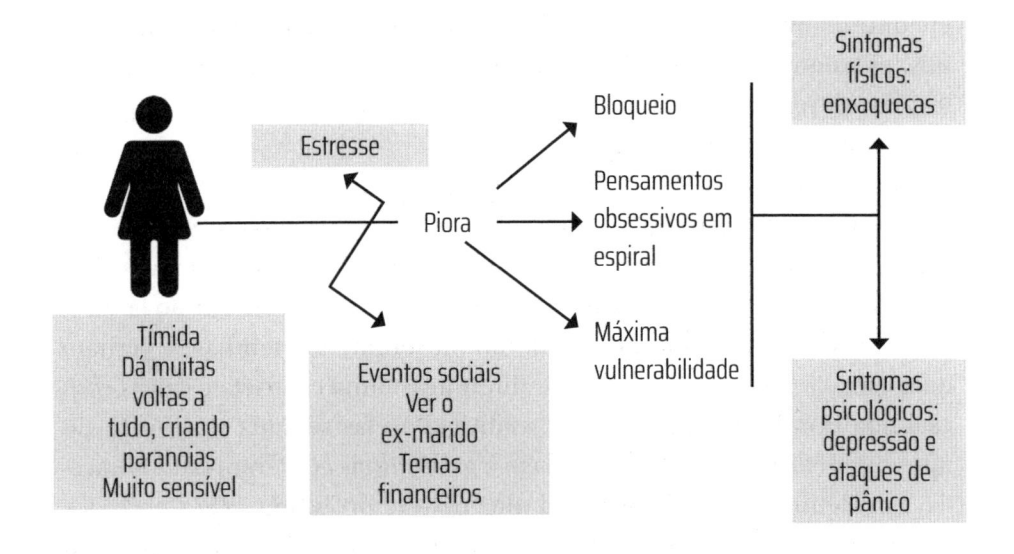

O PERDÃO

O perdão é um ato de amor, uma atitude superior para com os outros e a vida. Perdoar é dar o bem após ter sido machucado. É uma forma especial de entrega e eleva o ser humano.

Não sou ingênua, não ignoro a dificuldade de perdoar determinadas atitudes. Perdoar depois de ser ferido de forma insignificante não é o mesmo que fazê-lo depois de sofrer de forma importante e realmente nociva. O desprezo, a agressão injustificada, a humilhação, a traição, a infidelidade conjugal ou a crítica contumaz podem gerar tais níveis de sofrimento que se torna muito difícil, para não dizer quase impossível, superá-los.

No Camboja ouvi as histórias mais aterradoras e arrepiantes da minha vida. Anotava em cadernos o que chegava aos meus ouvidos e certa vez, ao relê-las, acabei com lágrimas nos olhos. Queria ajudar aquelas meninas prostituídas que haviam sofrido cruelmente, mas não sabia como encontrar uma saída para seu sofrimento. Desde sempre acreditei que nós, os psiquiatras e psicólogos, ajudamos as pessoas que sofrem, foram feridas ou não conseguem encontrar uma saída; mas no Camboja não sabia como articular "a terapia".

Um dia conheci Mey e ela me deu uma solução.

Conheci Mey em um dia nublado e caloroso de agosto. Somaly[8] havia me falado de uma casa nas montanhas do Camboja que servia como centro de acolhimento para meninas muito jovens. Ao chegar ao centro, o que observei ficou plasmado em minha retina. As meninas se vestiam da mesma forma – para não expor diferenças: uma camiseta e calças com estampa floral havaiana. Somaly se dirigia a elas sentada no centro do aposento. Havia chegado sua *maman* e as meninas correram para abraçá-la. Em alguns olhares se percebia uma tristeza profunda, olhos perdidos em um passado doloroso e cruel. As menores, de 5 ou 6 anos, andavam e dançavam em volta dela. Outras, sentadas nos cantos, permaneciam

---

[8] Somaly Mam é uma ativista cambojana com a qual colaborei no Camboja. No quinto capítulo descrevo como a conheci. (N. A.)

imóveis. Somaly, com sua voz doce, começou a lhes contar histórias em khmer, sua língua. Aos poucos, as meninas mais afastadas foram se aproximando e sentando-se ao redor dela; os semblantes mudavam e se transformavam em rostos menos tensos e frios.

Enquanto observava a cena, uma menina risonha com cara de esperta se aproximou de mim. Apresentei-me em meu khmer rudimentar e básico, mas suficiente para entabular uma conversa simples. Chamava-se Mey, tinha 13 anos, e estava havia poucos meses no centro. Ao perceber meus problemas com o idioma, sorriu muito divertida e me dirigiu algumas palavras em inglês. Estava claro que seria mais simples comunicar-se em seu inglês do que em "meu khmer". Depois de uma breve conversa, perguntei se era feliz. Me respondeu com determinação:

– Agora sim. Quero ser jornalista e escrever histórias para crianças, para que suas mães as leiam. As histórias têm que contar como os pais amam e cuidam de seus filhos e não os vendem para a prostituição.

Mey havia tocado a fibra da prostituição sem medo, sem pestanejar. Um suor frio percorreu minhas costas. Depois de uns segundos de silêncio, recuperei minhas forças e perguntei:

– Você foi vendida?

– Sim, por minha avó, e nunca vou entender por quê.

Silêncio... Levantou os olhos e continuou.

– Não tenho pais. Minhas recordações começam com minha avó, com quem eu vivia. Há um ano me levaram à casa de um empresário estrangeiro velho. Éramos muitas meninas na casa, algumas cozinhavam, outras limpavam... Um dia ele me chamou ao seu quarto, tirou minha roupa e fez comigo coisas horríveis que eu não sabia que existiam. Eu só gritava, mas ninguém podia me ouvir.

Abracei-a para tentar consolá-la diante de semelhante recordação, mas ela não demonstrava nenhuma dor, parecia se lembrar de uma coisa distante. Continuou:

– Isso se repetiu outros dias, até que me dei conta de que não conseguia aguentar mais. Decidi fugir e uma noite pulei a cerca e fui embora. Não sabia para onde ir, não havia um lugar ao qual pudesse voltar. Recordei que havia algum tempo conhecera um senhor da Índia que distribuía arroz no bairro quando não tínhamos comida. Era um homem bom. Fui até a casa onde vivia. Era um missionário. Eu nunca havia ouvido falar dos *christians*. Ele me falou do seu Deus e de como seu filho morreu em uma cruz. Eu não fui educada em nenhuma religião, mas sua história me interessou e perguntei: "Como ele superou isso?". Sua resposta foi: "Os perdoou". Comecei a ir de manhã a uma pequena capela próxima e falava com aquele homem pendurado em uma cruz de madeira, lhe pedia que me ajudasse a perdoar para me livrar da angústia e da raiva. Um dia, enquanto estava sentada no chão, me dei conta de que já não sentia ódio nem raiva. Perdoei o estrangeiro. Desde esse dia minha vida mudou.

Comecei a vislumbrar, emocionada, uma solução viável para tanta dor. Continuou:

– O missionário ficou tentando se informar sobre qual era o melhor lugar para me levar. Finalmente, decidimos denunciar o homem à polícia, que foi quem me trouxe para cá. Dias depois conheci Somaly. Agora sou feliz. Tenho uma mãe e muitas irmãs. É fundamental superar uma dor tão imensa através do perdão. Não existe outra maneira de alcançar a paz. Eu tento com minhas irmãs – *sisters*, como se chamam entre elas no centro. Eu as amo, as ouço... Tenho muita sorte. Sou muito feliz.

Conversei longamente com Mey. Achava impressionante como o poder do perdão havia curado suas feridas mais profundas. Ao longo das semanas seguintes tentei seguir o "modelo de perdão" que ela havia me mostrado.

Marcou-me profundamente. Estudei, li tudo o que encontrava sobre a capacidade de perdoar e fundamentei o processo em "compreender é aliviar". Isto significa que quando se compreende ou entende as razões que impulsionam alguém a feri-lo – sua biografia, sua forma de ser, sua inveja, seus conflitos internos... –, você consegue aliviar seu sofrimento.

Existem pessoas más, logicamente, mas a maior parte daquelas que ferem você tem suas razões. Às vezes nem elas mesmas as conhecem, mas se as procurarem, se perguntarem, poderão se surpreender com o consolo que recebem.

O sofrimento na vida pode ser realmente doloroso e atormentador, razão pela qual é preciso lutar para superar esse dano. Quando a pessoa fica ancorada em um ódio, quando não é capaz de sanar as ofensas ou humilhações recebidas, pode se transformar em um ser ressentido, amargo, neurótico. Para evitar essas consequências negativas, inclusive nos casos nos quais quem provocou o trauma não tem a menor possibilidade de se justificar, à vítima convém "egoisticamente" perdoar.

> O drama e o trauma que esmagam e destroem alguns, fortificam e regeneram outros, dotando-os de uma maior capacidade de amar.

Um ingrediente tóxico derivado do que estamos falando é o ressentimento – re-sentimento: a repetição de um sentimento (e de um pensamento) de forma recorrente e prejudicial. Todas as religiões e sistemas éticos têm no perdão um de seus eixos básicos. O budismo o trata com profundidade; existem ensinamentos magistrais de Buda sobre a necessidade do ser humano de perdoar. No judaísmo, o conceito de perdão é fundamental, muito semelhante ao dos cristãos. Para tratar deste tema, passo a relatar uma história impressionante.

E se não for possível compreender de maneira alguma?

Simon Wiesenthal foi um arquiteto judeu austríaco. Depois de passar por cinco campos de concentração durante a Segunda Guerra Mundial, foi libertado de Mauthausen, em 1944, pelos norte-americanos. Uma vez recuperado, começou sua tarefa, mais do que conhecida, de implacável caçador de nazistas por todo o mundo. Conseguiu levar aos tribunais mais de mil nazistas.

Em seus livros, *O girassol* e *Os limites do perdão*[9], relata sua história pessoal e suas ideias diante do grande dilema do perdão.

O episódio que marca suas páginas – e sua vida! – é o seguinte: um dia, estando em um campo de concentração, uma enfermeira lhe pediu que a seguisse. Foi levado a um quarto onde um jovem das SS, Karl Seidl, de 21 anos e moribundo, lhe fez um pedido particular. Havia sido atingido por uma bala mortal e estava agonizando. Karl, inteiramente

---

9 Recomendo a leitura dos dois livros para se aprofundar no sofrimento e no perdão em situações difíceis. (N. A.)

vendado, quase sem poder falar, pedira à enfermeira que lhe trouxesse um judeu antes de morrer porque queria falar com ele. Durante as horas que se seguiram, Simon permaneceu ao lado do jovem, que ia lhe relatando sua vida. Precisava expressar quem era, contar sua infância e como havia acabado na juventude da SS cometendo atrocidades. Revelou a Simon, enquanto agarrava fortemente sua mão, uma das maiores brutalidades que havia feito açoitando e agredindo famílias judias até terminar queimando-as em uma casa de Dnipropetrovsk, na atual Ucrânia. Karl continuava seu relato insistindo nos aspectos que mais dores lhe provocavam, entre eles o olhar de um menino pequeno, que tentava pular pela janela, contra o qual disparou. Durante as horas em que ficou ao seu lado, Simon não sussurrou nem uma palavra.

As últimas palavras de Karl foram:

– Estou aqui com minha culpa. Nas últimas horas da minha vida você está aqui comigo. Não sei quem é, sei apenas que é judeu, e isso é suficiente. Sei que o que lhe contei é terrível. Desejei muitas vezes falar sobre isso com um judeu e suplicar seu perdão. Sei que o que estou pedindo é muito para você, mas sem sua resposta não consigo morrer em paz[10].

Simon não resistiu e saiu pela porta. Seu livro aprofunda esta questão: "Deveria tê-lo perdoado? Meu silêncio, ao lado do leito daquele nazista moribundo e arrependido, foi correto ou incorreto? Esta é uma profunda pergunta moral que desafia a consciência [...]. O cerne da questão é a questão do perdão. Esquecer é algo de que só o tempo se ocupa, mas perdoar é um ato de vontade e somente aquele que sofre está qualificado para tomar a decisão".

A situação que descrevi provocou em Simon um grande dilema moral sobre a culpa, a capacidade de perdoar e o arrependimento. Na segunda parte do livro *Os limites do perdão*, entrevistou 53 pensadores, intelectuais, políticos, líderes religiosos – judeus, cristãos, budistas, testemunhas de genocídios na Bósnia, Camboja, Tibete e China – sobre o que teriam feito em seu lugar. Vinte e oito deles responderam que não seriam capazes de perdoar, 16 disseram que sim, seria possível, e 9 não tinham certeza sobre o que teriam feito. Entre aqueles que

---

10 *Os limites do perdão*, S. Wiesenthal. (N. A.)

apostavam no perdão, a maioria eram cristãos e budistas. A posição do Dalai-lama, baseando-se no drama do Tibete, era de apoio ao perdão, mas sem esquecer para que nunca, jamais, possam voltar a acontecer atrocidades semelhantes.

Esse livro, que não chega a nenhuma conclusão sobre este tema porque, em última instância, se trata de um tema de consciência, é um clássico sobre o perdão e a reconciliação a partir de diferentes pontos de vista – tanto religiosos como pessoais.

Perdoar não significa aceitar que o que a outra pessoa cometeu seja aceitável ou compreensível. Às vezes, o crime é tão atroz e desumano que não existe uma forma de decifrar a conduta do outro para que isso produza um alívio. Apesar de tudo, mesmo nesses casos o perdão é necessário porque a dor que gera não merece ficar ancorada em sua mente. Por culpa dessa ferida, desse veneno, desse ressentimento, você pode se transformar em uma pessoa amargurada por não ser capaz de se desprender. Perdoar alivia a dor causada, evita o ressentimento e, por isso, abre para a vítima as portas do futuro, que, sem ele, ficariam definitivamente fechadas. A capacidade de perdoar é exclusiva da vítima, não depende do arrependimento de quem provocou a ofensa. O perdão livra de cargas e ajuda a seguir adiante, mesmo que a causa seja terrível, mesmo que aquele que a provocou não se arrependa. Em minha experiência clínica, sempre compensa. O perdão é um trampolim, uma ponte segura para a liberação da dor, mas às vezes pode ser impossível.

> Perdoar é ir ao passado e voltar são e salvo.

Se não perdoamos, se não somos capazes de nos purificar, podemos ficar ancorados no rancor, no ódio, na revanche. Na revanche decido que quero devolver a ofensa ao outro, quero que sofra, que lhe aconteçam coisas negativas. No rancor, me mantenho ferido, apunhalado e não sou capaz de esquecer e superar. Quando isso nos acontece, somos incapazes de recuperar a paz e o equilíbrio.

Como perdoar?

✓ Aceitar o que aconteceu. Não negar a realidade.

✓ Tentar compreender o que aconteceu em perspectiva. Às vezes somos protagonistas de algo alheio, em que não podemos intervir de nenhuma maneira. A vida acarreta injustiças e complicações que não podemos controlar.

✓ Tentar afastar a imagem do cenário mental usando, por exemplo, técnicas como o EMDR. O EMDR, dessensibilização e reprocessamento por movimentos oculares (*Eye Movement Desensitization and Reprocessing*), foi descoberto, em 1987, por Francine Shapiro. É uma abordagem psicoterapêutica e uma técnica usada para trabalhar o transtorno de estresse pós-traumático. Integra elementos de diversos enfoques psicológicos. Usa a estimulação bilateral, mediante movimento oculares, sons ou *tapping* (batidinhas) com os quais se estimula um hemisfério cerebral a cada vez. O EMRD apresenta diversos estudos cientificamente validados. É útil para pacientes com traumas graves (mortes, atentados, abusos psicológicos ou físicos) ou outros eventos difíceis que o bloquearam por alguma razão. Eu o usei no Camboja com resultados muito satisfatórios.

✓ Trabalhar o nível da autoestima. A capacidade de perdoar, de se sobrepor à raiva, à sede de vingança ou à autocompaixão é própria das pessoas que possuem força interior. Se diante de um ato grave quem o sofre é capaz de se sobrepor e perdoar, está fazendo uma demonstração de segurança em si mesmo própria de alguém com uma autoestima saudável.

✓ Ser otimista. Às vezes requer tempo, mas o simples fato de saber que é possível crescer diante da dor, a esperança de superá-la, pode ser um bálsamo para aliviar as feridas.

- ✓ Evitar anular-nos com sentimentos de culpa. Cuidado para não nos transformarmos em vítima! Há pessoas que diante de uma fatalidade se fecham em si mesmas e evitam progredir. Recorrer a fatos passados para nos autojustificar sem parar acaba nos limitando, detendo nossa trajetória vital.

- ✓ Olhar para a frente.

- ✓ A pessoa aprende a perdoar quando alguém teve que perdoá-la. É um exercício saudável procurar em nosso passado recente, em nossa própria vida, o perdão de outros.

- ✓ Ver o outro como digno de compaixão. João Paulo II dizia: "Não há justiça sem perdão, não há perdão sem misericórdia". É preciso tratar de substituir o negativo por sentimentos poderosos, como a compaixão e a misericórdia.

O QUE É A COMPAIXÃO?

A empatia é sentir o que o outro sente, se colocar no lugar de outra pessoa. A compaixão – literalmente "sofrer juntos" – é uma capacidade que eleva aquele que a exerce. Você não só entende a dor que o próximo atravessa, mas se conecta com seu sofrimento, tentando usar todas as suas ferramentas pessoais para ajudá-lo a seguir adiante.

Trabalhar a compaixão a partir do coração tem efeitos maravilhosos na mente, no corpo e na relação com o outro. É uma maneira de se libertar da raiva e do ódio, que dá paz e equilíbrio. Obviamente, a capacidade de ter empatia é diferente em cada indivíduo, mas pode ser trabalhada, o que nos ajudará em nossas relações pessoais e profissionais.

Hoje existe um medo enorme de sentir a dor dos outros, de se aproximar do sofrimento alheio devido ao fato de que isso nos tira o prazer do nosso dia a dia pelos seguintes motivos:

- ♡ Nos sentimos vulneráveis. Ao sentir de perto as emoções de outras pessoas podemos reabrir feridas da nossa própria vida.

♡ Não somos capazes de ajudar e surge a frustração de sentir que não somos úteis.

♡ Nos angustia sentir muito e "levarmos o problema para casa". Isso acontece nas terapias ou em casos de indivíduos muito sensíveis; a dor ouvida é tal que a pessoa fica excessivamente remexida. Portanto é muito necessário se conhecer e saber até que ponto podemos "nos entregar" ao outro sem medida.

VIVER ANGUSTIADO COM O FUTURO. O MEDO E A ANSIEDADE

O CASO DE JOHN

John, um homem de 35 anos, trabalhava nas Torres Gêmeas no dia 11 de setembro de 2001. Estava na "segunda torre". Desceu as escadas na velocidade de um raio, conseguiu sair do edifício e ficou várias horas no meio dos escombros. Ao perceber que havia resistido a um ataque terrível, procurou outros sobreviventes no meio das ruínas. Sentia a morte de perto enquanto gritava, desesperado, procurando restos de vida entre os cadáveres que o cercavam.

Vários de seus companheiros faleceram nesse dia. Meses depois ele não era capaz de ficar no escuro, tinha pesadelos recorrentes durante os quais se levantava suando e gritando. Não foi capaz de subir em um avião até muitos anos depois. Sua mente se bloqueava com facilidade e seu corpo ficava tenso com pequenos barulhos, imagens ou recordações daquele dia. John precisou fazer terapia durante anos para superar sua angústia, seu trauma e seu medo atroz.

Comecemos pelo princípio: o medo nos acompanha desde o nascimento. É uma realidade que sempre existiu. Sem medo seríamos criaturas insensatas e imprudentes. A maneira como administramos essa emoção define nosso desenvolvimento como pessoas. O medo, a princípio um mecanismo primário de defesa, pode se transformar em nosso grande inimigo e perturbar a nossa percepção da vida. Tito Lívio dizia, ao tratar do assunto: "O medo sempre está disposto a achar que as coisas são piores do que são".

O temeroso percebe seu entorno como algo hostil, que o altera e transforma em um ser vulnerável a tudo, e não devemos esquecer que os grandes desafios possuem um componente de incerteza já que nada significativo começa sem um pouco de medo.

> Não é uma questão de eliminar o medo, mas de saber que existe e aprender a lidar com ele de forma correta.

O medo é uma emoção-chave, fundamental, para nosso equilíbrio interior e nossa sobrevivência. A pessoa precisa ter medo de certas coisas para não se atirar a todo tipo de périplos e aventuras desmedidas. Qualquer ser humano tem temores em sua vida. A diferença está no fato de que os vitoriosos sabem administrá-los.

A ansiedade, quando se estabelece, tem um efeito terrível no organismo. Qualquer um que tenha padecido de ansiedade ou de pânico experimenta uma realidade pavorosa. Mesmo que a pessoa tenha consciência de que não vai morrer de um infarto, nesses instantes sua mente não lhe permite distinguir com clareza. O que caracteriza a ansiedade é o medo. Um medo vago e difuso, às vezes sem origem clara, que se transformará em angústia e bloqueio emocional.

> A valentia não é ausência de medo, mas a capacidade de prosperar e avançar apesar dele.

A gestão das emoções é básica para o equilíbrio pessoal. Às vezes o medo é tão intenso que promove um "golpe de Estado", assume o controle de nossa mente e passa a monopolizar nosso comportamento. Nesses casos a vulnerabilidade da pessoa que padece dele é imensa e qualquer estímulo exterior, por menor que seja, pode provocar uma reação desproporcional que altere química e fisiologicamente o organismo. É nesse ecossistema que surge a ansiedade, o medo patológico que nos bloqueia e impede de levar uma vida normal.

Como o cérebro funciona diante do medo? O que acontece exatamente na ansiedade?

O centro do medo está na amígdala cerebral, localização fisicamente pequena, mas muito relevante para nossa vida e comportamento. A amígdala, de acordo com estudos recentes, está ativa na gestante desde o final da gravidez. Tem uma grande capacidade de armazenar recordações emotivas e reage dependendo das emoções que surgem. Processa as informações relativas às emoções e avisa ao cérebro e ao organismo do perigo, de que alguma coisa não vai bem, ativando a resposta ou reação ao medo ou à ansiedade. O hipocampo – fundamental na memória e aprendizagem – codifica acontecimentos ameaçadores ou traumáticos em forma de recordações.

UM CASO REAL DA MINHA PRÓPRIA VIDA

Eu estava cursando o primeiro ano de Medicina. Na época dos exames, muitos de nós íamos à biblioteca da Universidade Autônoma de Madrid porque não fechava à noite e havia um bom ambiente de estudo. No dia seguinte, 13 de junho, teria um exame de Física Médica. Recordo a data, já que esse é o dia do meu santo e iria comemorá-lo à tarde.

Havia ficado na biblioteca com dois amigos que estudavam Engenharia para que me explicassem melhor alguns conceitos que tinha dificuldade de entender. Saí da biblioteca por volta das quinze para a uma da madrugada, peguei o carro e voltei ao centro de Madrid.

Estava percorrendo uma pista de mão dupla, bem iluminada. Não andava especialmente depressa, mas, de repente, em uma curva, vislumbrei um carro que vinha na direção contrária à minha. Ficaram gravados, em minha retina, os faróis do automóvel a poucos metros de distância; girei o volante rapidamente e me livrei dele. Meu coração batia a mil, meu corpo tremia. Parei no acostamento a poucos metros e comecei a chorar. De repente ouvi uma batida seca, terrível. Olhei para trás, mas não conseguia ver nada.

Cheguei em casa aterrorizada e acordei meus pais. Não conseguia parar de chorar. Rezava, agradecendo a Deus por estar viva, mas não conseguia relaxar. Liguei o rádio para ver se me livrava daquela sensação de pânico que continuava reinando em minha mente. Depois de alguns minutos ouvi: "Acidente na rodovia de Colmenar. Um kamikaze bateu em dois carros. Quatro pessoas morreram". Aquela noite me marcou profundamente.

Não dormi nem um instante. Na manhã do dia seguinte, minha prova foi um verdadeiro desastre. À tarde visitei amigos e parentes. Estava consternada. Mesmo semanas depois, se ouvisse uma freada na rua ou um som de motor mais alto do que o normal, todo meu corpo voltava a se ressentir, com taquicardias, tremores e angústia. Levei vários meses para superar o choque. Toda semana percorria exatamente o mesmo trajeto: não queria me bloquear e ser incapaz de voltar a enfrentar o carro, ou evitar certos caminhos. Hoje em dia esse acontecimento está inteiramente superado, mas me ajudou muito a entender os bloqueios por medo ou ansiedade.

Outro episódio para exemplificar este circuito.

O CASO DE BLANCA

Blanca foi uma noite buscar seu carro em um estacionamento subterrâneo. Costumava ir de ônibus, mas nesse dia tivera que fazer várias coisas antes de começar a trabalhar e deixou o automóvel em um estacionamento próximo. Ao

> chegar, notou que estava pouco iluminado, vazio, sem segurança nem controle. Chegara muito cansada, tivera um dia difícil, com vários conflitos, e estava exausta e sem forças.
>
> Correu depressa até o guichê para pagar e então ouviu um ruído. Um sujeito mal-encarado se aproximou. Recordou então um episódio de alguns anos atrás, quando trabalhava no Brasil e foi assaltada durante a noite. Seu coração bateu com força, começou a suar, sua mente não conseguia pensar com clareza. Queria estar no carro. Não havia ninguém por perto e a angústia a assediava.

O que acontecera na mente de Blanca? A amígdala a havia deixado em guarda devido ao fato de que à noite o estacionamento é – na região de suas recordações – um lugar arriscado, e que a pessoa que vem atrás dela também. Ela guarda em sua memória – no hipocampo – dados da sua experiência negativa no Brasil. A estas ideias "memorizadas" ela acrescenta outras: "Não voltarei a estacionar naquele lugar", "não voltarei a pegar meu carro à noite" ou "se tiver que pegar meu carro irei acompanhada". Recordações, ansiedade, memória, ativação física, tudo isso unido; hipocampo e amígdala, binômio fundamental para a gestão das recordações e em episódios de ansiedade.

As circunstâncias que acionam o medo em nossa mente são aprendidas, em sua maioria, se incorporam conforme as experimentamos, seja diretamente ou através de outros. Ou seja, o cérebro as codificou como "temerosas" e, de forma adaptativa, ao perceber algo semelhante ao que aconteceu no passado, ativa todo o sistema de alerta. Essas situações temerosas podem provir tanto de eventos traumáticos do passado, como de eventos não superados ou enfrentados corretamente.

Quando o cérebro acredita que qualquer realidade é ameaçadora, isto se deve ao fato de que o sistema de alerta está hiperativo. Estamos, então, diante do transtorno de ansiedade generalizada, que requer uma abordagem integral, mas que, em geral, tem um bom prognóstico; ou diante do transtorno de estresse pós-traumático, que aparece quando, tendo um evento terrível deixado uma marca ou efeito em nós, a nossa mente, diante de simples estímulos, faz com que o corpo reaja desproporcionalmente, como uma descarga, recordando e revivendo o dia do trauma.

RECORDAÇÕES COM ALTO NÍVEL DE CARGA EMOCIONAL

Existem acontecimentos ou recordações que têm um nível de carga emocional potente. Isso faz com que, ao revivê-los, as conexões neuronais se ativem de tal forma que o organismo inteiro se vê afetado – tremor, taquicardia, sudoração, taquipneia... – com o consequente aumento do cortisol e da adrenalina.

Uma pessoa com a amígdala cerebelosa afetada ou danificada tem problemas sérios para perceber o alarme, o perigo e o risco.

O sequestro amidalar – *Amygdala Hijack*, batizado por Daniel Goleman em seu livro sobre a inteligência emocional, se refere às respostas emocionais que surgem de forma abrupta e exagerada.

Recebido o estímulo, a reação do corpo é excessiva e explosiva. Não se trata de um problema mental como tal, mas de um acontecimento do passado com grande carga emotiva que bloqueia aquele que a sofreu, de maneira que, diante de um evento atual que o revive indiretamente, o sujeito não é capaz de decidir ou raciocinar com clareza. O indivíduo que responde desta forma está anulado por suas emoções.

Todos conhecemos pessoas que passaram por isso. São indivíduos de temperamento forte: diante de pequenos estímulos, a repercussão perante os demais é de choque frontal. Alguns chamam isso de "perder as estribeiras"; outros, "de não ter filtro" ou então de ter "pavio curto"... A solução? Existe, é necessário aprender a gerir as emoções e trabalhar para entender a origem dessas reações abruptas.

O CASO DE GUILLERMO

Guillermo está casado há três anos com Laura. Conheceram-se em um congresso de Medicina em Atlanta. Ele trabalha em um laboratório e ela é cardiologista. Ela ia quase sempre às convenções com seu ex-marido – um médico do mesmo hospital –, mas nessa ocasião ele não pudera acompanhá-la.

> Guillermo já havia se encontrado com Laura várias vezes devido a sua profissão. A achava atraente e gostava de passar um tempo com ela. Tinha consciência de que era casada com um médico que ele visitara alguma vez por outros assuntos e, portanto, se mantinha na linha. Durante o congresso, percebeu uma mudança em Laura; estava mais amável e próxima e percebia que tentava lhe dedicar mais tempo. Guillermo, nervoso, não sabia como agir, mas uma noite, depois de tomar umas taças após o jantar, acabaram juntos no quarto dela.
>
> Guillermo, confuso, queria saber o que Laura sentia, o que aconteceria com seu companheiro... Muitas perguntas. Guillermo era passional, impaciente, e precisava resolver seu dilema sentimental. Ela lhe disse que a relação com a outra pessoa tinha acabado e que terminaria definitivamente ao voltar. E foi o que aconteceu. Poucos meses depois, Guillermo e Laura formalizaram sua relação, mas, como ele era muito ciumento, não suportava que ela fosse sozinha a congressos. Quando alguém se aproximava minimamente dela ou tentava convidá-la para jantar por questões profissionais, tinha reações explosivas e desproporcionais, difíceis de controlar. Sua desculpa de sempre:
> – Aconteceu comigo, poderia acontecer com outro...
> Guillermo sofria de "sequestro amidalar" por este assunto.

Estímulo → reação imediata e explosiva desproporcional → incapacidade de administrar a realidade → paralisia, bloqueio ou agressividade/cego pela emoção → arrependimento ou perdão (no melhor dos casos).

COMO ENFRENTAR UM "SEQUESTRO DA AMÍGDALA"

Já vimos como o circuito funciona. Procuremos agora uma solução. Imaginemos que somos "eletricistas da mente": o mais prático seria provocar um curto-circuito. Vejamos como.

1. ANALISE

Qual é o estímulo que o dispara? Conhecer-se é fundamental nestes casos. Sem medo, aproxime-se pouco a pouco da causa. É uma pessoa, um rosto, uma situação, perceber alguma coisa ameaçadora? Pode ser a visão do sangue, uma conversa sobre um tema conflituoso, um pensamento que atravessa a mente, uma ação de alguém do seu entorno, que digam "não" a alguma coisa que você esperava com expectativa... Não importa a origem, mas você precisa saber do que se trata.

2. O QUE ACONTECE EM SEU CORPO?

Você vai ver que esse sequestro é acompanhado por uma sintomatologia física. Tente prestar atenção em como seu corpo estava exatamente antes – como se sentia fisicamente nos instantes anteriores à explosão emocional – e nos sinais físicos que aparecem nele durante o processo – taquicardia, hipertensão, aumento da temperatura...

3. PRESTE ATENÇÃO EM ALGUÉM QUE VOCÊ ADMIRA

Como reage em situações semelhantes? Qual é a sua pior versão diante da frustração ou do aborrecimento? Ter um modelo de identidade em quem procurar referência em momentos difíceis é uma grande ajuda.

4. A ESPIRAL EXPLOSIVA!

É complicado; às vezes existem sistemas bem formados e instalados em nossas reações que nos impedem de controlá-las. Ter consciência disso é um avanço. Se você conseguir perceber e frear por um instante a cachoeira que está a ponto de surgir, mesmo que seja por alguns segundos, estará ganhando. Nesse lapso de tempo, tente respirar profundamente, lance uma mensagem positiva para sua mente, alguma coisa como "você consegue!" ou "força!". A mente precisa de cerca de um ou dois minutos para desbloquear um estado emocional, portanto, qualquer vitória, por menor que seja, se aproxima do triunfo.

5. PEÇA DESCULPAS

Nesses instantes de descontrole, as pessoas reagem mal e dizem coisas que não pensam realmente. A imensa maioria se arrepende de suas reações e comentários depois desses acontecimentos. Tenha a humildade necessária para pedir desculpas e tentar resolver o possível dano causado. Perdoe a si mesmo, porque talvez você perceba essa reação como outro fracasso e não é bom se prender à sensação de culpa.

Supere-a. Proponha-se conseguir na próxima vez e procure ferramentas para isso.

O CASO DE GUSTAVO

Gustavo veio ao meu consultório porque há dois dias, quando estava voltando de uma reunião em Londres, logo depois de entrar no avião que o traria de volta à Espanha, começou a sentir uma pressão no peito e falta de ar, ao lado de uma sensação de perda de controle sobre si mesmo. Tentou usar técnicas de relaxamento dentro do avião, ao mesmo tempo que uma aeromoça lhe oferecia um chá de tília e tentava tranquilizá-lo.

Permanecer no avião era insuportável e ele sentia urgência de sair dali de qualquer maneira. Apesar de tudo, suportou a duras penas as duas horas de voo e depois de aterrissar, tonto e angustiado, procurou o pronto-socorro, onde lhe disseram que havia sofrido um ataque de ansiedade e deveria procurar um psiquiatra para ser medicado.

Já no meu consultório, me diz que ignora o que possa ter acontecido com ele. Reconhece que de fato está estressado, mas o que acontecera no avião não havia acontecido nunca, e diz que foi o pior momento de sua vida. Conta também que viaja há um ano quase todos os dias da semana por motivos profissionais. Mal consegue ver sua companheira entre viagens e reuniões. Dorme pouco devido ao *jet lag* e tudo isso o leva a ficar cada dia mais nervoso e irritável. Gustavo põe o foco no que aconteceu no avião, não quer que volte a acontecer. Eu lhe explico que está submetido a um estresse excessivo, que o fato de estar sempre em estado de alerta derivou em uma alteração de seu sistema de sobrevivência, que disparou os níveis de cortisol em seu organismo para auxiliá-lo a superar situações tão exigentes como as que enfrenta em seu dia a dia.

Gustavo descreve um nervosismo constante e diz que começa a ter falhas de memória. Ocasionalmente percebe um adormecimento nos dedos e nas mãos, taquicardias e falta de ar nos pulmões. Eu lhe explico que está passando por um momento de crise, que sofreu um ataque de pânico no avião e que

> seu cérebro está vulnerável, e por isso poderia ter outro ataque se continuasse agindo da mesma maneira. Insisto que ele tem que aprender a reduzir seu ritmo frenético de atividade, e que um primeiro passo para isso é recuperar a capacidade reparadora do sono. Tem que conseguir desconectar seu cérebro dessa atividade desenfreada, porque está preso em um circuito tóxico que a qualquer momento pode voltar a entrar em pane.
>
> Por outro lado, lhe dou sugestões para evitar ter crises dentro do avião. Antes de subir, precisa tentar relaxar através de uma série de mensagens cognitivas positivas e técnicas de respiração. Além do mais, deve levar com ele medicamentos de emergência, cujo efeito é quase imediato e age em pouco tempo, no caso de começar a sofrer um ataque.

Muitas pessoas, só pelo fato de ter a segurança de carregar no bolso essa medicação, conseguem se sobrepor ao ataque de pânico sem necessidade de usá-la, já que vão adiando o uso com a convicção de que, em última instância, a pílula as ajudará a superá-lo, o que permite que, finalmente, possam chegar a controlar esses ataques sem o auxílio de fármacos. Receito-lhe um medicamento adicional para que vá desbloqueando aos poucos a tensão acumulada em seu cérebro.

Na psicoterapia trabalho de forma profunda a origem do seu nível de ansiedade: está sempre alerta, sem tempo para relaxar. Não se permite uma falha, não descansa, alimenta-se mal, o que levou seu cérebro a entrar em colapso, freando-o através de uma crise de pânico. Um ataque de pânico é o que eu chamo às vezes de "febre da mente". Ou seja, da mesma maneira que a febre é um indicador de que alguma coisa não está funcionando bem no corpo, a crise de ansiedade ou de pânico o avisa de que algo em sua mente não vai bem, levando-o em última instância ao colapso. Na terapia, ensino Gustavo a relaxar, a levar as coisas com mais calma, a saber renunciar, a fazer com que seu chefe veja que precisa de apoio em suas tarefas, a delegar parte de suas responsabilidades. Tudo com o objetivo de atenuar a carga excessiva de trabalho.

Aos poucos, Gustavo começa a se sentir melhor. No começo persiste o medo de voar, mas não insisto, porque é uma coisa secundária; adiaremos esse objetivo até que comece a melhorar. Com o passar do tempo, começa a fazer voos curtos, de uma hora ou uma hora e meia aproximadamente, para os quais se prepara através de mensagens cognitivas positivas e técnicas de relaxamento e controle da respiração. Mediante essas técnicas, e a segurança que lhe dá a medicação de emergência que carrega consigo, a qual só precisou tomar duas vezes ao longo de um ano de tratamento, Gustavo vai se sentindo muito melhor e já sobe em aviões sem excessivas complicações e seu corpo vai, pouco a pouco, recuperando a calma.

> Quando uma pessoa vive, constantemente, em estado de alerta, gera uma interpretação da realidade pior do que ela de fato é. Responde ao que acontece em seu interior como se fossem ameaças reais. O cérebro se confunde ao responder.

O controle da respiração[11], com os olhos fechados e prestando atenção a cada uma das sensações do corpo, é uma das medidas mais eficazes para estimular o funcionamento do sistema nervoso parassimpático – que, como já dissemos, regula o equilíbrio interno ou homeostase, ativa os órgãos que mantêm o organismo em situações de calma (glândulas salivares, estômago, pâncreas ou bexiga) e inibe aqueles que preparam o organismo para as situações de emergência ou tensão: íris, coração ou pulmões.

Quando a pessoa consegue manter sua atenção focada na respiração, no presente, no aqui e agora, descartando qualquer pensamento que a dirija ao passado ou a leve para o futuro, vai conseguindo, pouco a pouco, com cada respiração, relaxar e recuperar a serenidade e a confiança perdidas.

Algumas chaves simples para enfrentar seus medos e a ansiedade são as seguintes:

✓ Aprenda a reconhecê-los. Seja consciente. Não os anule, nem os oculte; qualquer emoção reprimida volta pela porta dos fundos e pode ser a origem de feridas físicas e psicológicas.

---

11 Consiste em ir observando, com interesse, os movimentos pausados e harmônicos da inspiração e expiração – elevação e afundamento do abdome e tórax e entrada e saída do ar através das fossas nasais. Explicamos isso com mais detalhes no sexto capítulo. (N. A.)

- ✓ O medo se supera sentindo-o e dando um passo à frente. O medo se vence mudando.

- ✓ Insisto, não tema voltar à origem, procure desembaraçar os princípios e as causas de suas inseguranças, mas, atenção, cuidado com as "terapias impossíveis" que acabam prejudicando mais do que ajudando.

- ✓ Tente entender seus medos, e assim poderá enfrentá-los de uma maneira melhor e superá-los. Quando entendemos alguma coisa, sabemos enfrentá-la e o medo diminui.

- ✓ O medo sempre vai existir, aprenda a ser otimista e encontre uma saída para a espiral tormentosa de pensamentos que o bloqueiam. Não se esqueça de que o medo é um grande ilusionista, sempre disfarça a realidade em uma coisa pior do que é.

- ✓ Confie em você. A maneira como você se projeta tem a capacidade de colocar em marcha a melhor versão de seu cérebro. Ter confiança em si mesmo, acreditar que vai conseguir atingir seus objetivos, ativa a criatividade, a capacidade de resolver problemas e perceber a vida com mais esperança.

- ✓ Melhore sua capacidade de atenção. Falaremos de profundidade no capítulo 5, com o "Sistema Reticular Ativador Ascendente". Os medos, a ansiedade se tornam crônicos quando a pessoa não tem capacidade de focar sua atenção de forma correta.

- ✓ Eduque sua voz interna. Que ela sirva para animá-lo, e não para afundá-lo ou influenciá-lo negativamente! Evite os pensamentos tóxicos que surgem para levá-lo de novo a ter crises de angústia ou para maximizar os medos.

- ✓ Cuide da alimentação. Vou dar um exemplo: os episódios de hipoglicemia têm a capacidade de alterá-lo profundamente e ativar o medo. Evite a cafeína e o álcool.

✓ Descanse. A falta de sono nos torna mais vulneráveis aos medos, nos leva a interpretar a realidade de forma mais ameaçadora do que é.

> Nos transformamos naquilo em que pensamos[12]. O medo é inevitável, já o sofrimento que ele produz é opcional. Os temores se curam aprendendo a desfrutar a vida, olhando para o futuro com esperança e vivendo o presente de forma equilibrada e compassiva.

---

12 E no que amamos, mas este capítulo trata dos pensamentos. (N. A.)

CAPÍTULO 5

VIVER O MOMENTO PRESENTE

A felicidade não é o que acontece conosco, mas como interpretamos o que acontece conosco. Depende da forma como assimilamos uma realidade, e nossa capacidade de orientar ou enfocar essa assimilação é um fator-chave para que possamos ser felizes. Portanto, aqui vamos falar da sua capacidade de escolher. De escolher a felicidade, e não a infelicidade. Desde o começo destas páginas temos tratado da dor, do sofrimento, dos traumas e das feridas profundas. Não viemos para negar o mundo real – falaremos da tolerância e da frustração mais adiante –, mas sim para aprender a desfrutar na medida do possível, apesar... dos pesares.

Sua realidade depende de como você decide percebê-la.

Entendo que esta mensagem o surpreenda e surjam em você mil frases – barreiras e resistências! – deste tipo: "Já tentei tudo", "minha vida é muito dura", "depende das circunstâncias", "minha infância foi terrível", "falar é fácil, difícil é conseguir"... Se você se recusa a escolher se agarrar ao que é bom em sua vida – por menor que seja, está se dando por vencido na luta mais decisiva de sua existência.

A felicidade não é um somatório de alegrias, prazeres e emoções positivas. É muito mais; também depende de ter conseguido superar as feridas e continuar crescendo. É viver com certo prazer apesar da dor e do sofrimento inevitáveis, em maior ou menor medida.

Quando vivemos negando ou bloqueando o sofrimento, nossa mente perde a capacidade de saber enfrentá-lo e superá-lo. Não significa afundar na "lama tóxica" e tentar enfrentar todas e cada uma das batalhas que se apresentem, mas sim aprender a administrar os maus momentos. Conheço muita gente que não sabe enfrentar os conflitos, as emoções negativas e, como via de escape, as anula de forma automática e inconsciente. Isso representa um risco, porque a evitação constante do negativo o leva a perder uma parte da vida e a se desconectar muitas vezes do sofrimento daqueles que o cercam. Já falamos no capítulo anterior da importância da "compaixão", de se conectar de forma saudável com o sofrimento dos outros para ajudá-los a seguir adiante.

Não esqueçamos que um grande erro frequente é aspirar a uma felicidade excessiva ou a um estado de prazer e alegria utópicos e constantes. Isso deriva em pessoas frustradas pela insatisfação permanente. A felicidade é a grande aspiração de uma pessoa? É o que parece; no entanto, a felicidade tem um componente instantâneo, prazeroso: uma refeição, uma reunião com amigos, uma viagem... E outro mais estrutural, assentado nos pilares fundamentais da vida: família, casamento, trabalho, cultura, amigos... A felicidade prazerosa é como uma faísca fugaz; a felicidade estrutural se refere, por sua vez, a levar uma vida equilibrada.

Vou transmitir várias ideias de forma prática. Provavelmente você já tenha lido muitas ou até as experimentado alguma vez em sua vida.

Uni a formação adquirida de meu pai – mais de trinta anos ao seu lado aprendendo! – à leitura de múltiplos livros[13], artigos e pesquisas e, sobretudo, com a observação do interior de tantas pessoas que tenho acompanhado ao longo de seus piores momentos e de sua superação. Vamos tentar fazer com que a leitura sobre esta matéria seja útil para sua vida ou para ajudar pessoas próximas a você.

A realidade de sua vida depende de como você decide responder ou reagir diante de certas circunstâncias, ou seja, o comportamento que surge diante dos estímulos exteriores. Aqui lhe transmito outra ideia importante.

---

13 Recomendo muitos destes livros no capítulo dedicado às referências. (N. A.)

> Toda emoção é precedida de um pensamento.

A mente é a responsável pela fabricação da emoção. O sentimento é a reação física a essa emoção. Sem cérebro, não há emoção. Nas lesões cerebrais, no íctus, nas malformações... podem ser afetadas zonas do cérebro que o levem a "não sentir". Uma pessoa pode perder a sensibilidade nas extremidades – e se queimar e não reagir! – se essa zona de seu cérebro estiver desativada ou lesionada.

Há alguns anos, através das pessoas que perdiam a fala depois de um derrame cerebral, foi se descobrindo as zonas do cérebro encarregadas dessa função. Essa é a origem remota do mapeamento cerebral. Atualmente contamos com ferramentas para conhecer em tempo real como o cérebro funciona, o que nos permite observar diretamente como reagem e se alteram certas zonas quando se realiza uma atividade ou se experimenta um estímulo. Uma dessas técnicas é a ressonância magnética funcional, usada tanto no tratamento clínico como para pesquisas. Através dela podemos detectar as mudanças de distribuição dos fluxos de sangue em diferentes momentos, permitindo-nos assim conhecer a mente e o sistema nervoso de forma mais profunda e global sem necessidade de meios mais agressivos, como "abrir" o cérebro ou esperar por uma autopsia. Essa técnica de neuroimagem avançada nos dá a oportunidade de observar como nosso cérebro é ativado diante de certos pensamentos, motivações ou estados de ansiedade ou depressão.

UMA DAS DESCOBERTAS MAIS FUNDAMENTAIS

Cada pensamento gera uma mudança mental e fisiológica. Insisto nesta ideia em vários momentos do livro. Não se esqueça disso, porque se você é daqueles que sofrem, que perdem o controle de si mesmos, que querem se conhecer melhor, entender este procedimento vai ajudá-lo muito.

Desde pequenos contamos com conceitos autoimpostos ou que assimilamos sobre nós mesmos: "Sou impulsivo", "sempre fui assim", "meu pai era igual", "sou nervoso", "odeio multidões", "tenho medo de avião"... Essas sentenças sobre você mesmo funcionam na prática como barreiras mentais que o impedem de avançar livremente nesses campos. Digo sentenças porque têm um impacto quase bloqueador, como se caíssem do céu como uma condenação.

As emoções que nos prejudicam se devem a um pensamento – mais ou menos consciente. E podemos educar e reeducar os pensamentos. Para chegar a ser uma pessoa feliz, em paz e completa, você precisa trabalhar a forma como pensa. Se fizer isso, os resultados o surpreenderão.

> Como sua realidade muda quando você muda sua maneira de pensar!

Examine profundamente as ideias que tem sobre si mesmo, ou as que surgem em você nos momentos mais obscuros de tristeza ou angústia. Essa emoção tóxica acontece porque "algo" cruza sua mente e esse "algo" o invade de forma prejudicial.

Não é fácil. Existem o que chamo de "automatismos": reações que brotam de forma involuntária porque levam toda a vida sendo ativadas por certos estímulos ou pensamentos. É complicado se desligar dos "deveria" que estão no nosso comportamento há muito tempo. Para modificar os pensamentos tóxicos, o sistema de crenças – a forma de processar a informação –, a pessoa deve se fixar em quais são seus pensamentos limitantes ou suas barreiras.

Esse sistema de crenças não tem por que ser mau; na verdade, em muitas ocasiões é muito positivo. Por exemplo: se cada vez que vê o sol nascer você fica alegre e pensa que nesse dia vai trabalhar melhor porque o sol transmite energia ao seu organismo, seu sistema de crenças está o ajudando; mas se, ao contrário, vê nuvens cinzentas ou o início de chuva e solta um "este dia vai ser horrível", seu sistema de crenças o está limitando. Isto pode acontecer com eventos exteriores ou com ideias e sensações interiores. Se chega a um jantar com seus amigos e algo não lhe agrada ou se sente incomodado, provavelmente há algo aí que inconscientemente lhe tenha recordado alguma experiência negativa do passado – a comida, alguma pessoa, a distribuição dos convidados à mesa, um cheiro...

Podemos educar a mente e regular nossas emoções. Pensemos, por exemplo, em andar de bicicleta. Quando a pessoa sobe em uma bicicleta pela primeira vez, em geral usa rodinhas para não cair. À medida que vai perdendo o medo, se atreve a andar com mais velocidade, a descer ladeiras e até a soltar a mão do guidom. Um dia, tira as rodas acessórias e luta para se equilibrar. Pensa que não vai conseguir, que cairá – e talvez isso aconteça! –, mas, de repente, consegue. Pode ser que se passem meses ou anos e você suba novamente na bicicleta sem nenhum problema, sem necessidade de voltar a usar as rodinhas porque "sua mente" e "seu equilíbrio" "já sabem fazê-lo".

Na educação dos pensamentos acontece algo parecido. Logicamente, não é um processo tão simples, mas exercitar a mente tem um efeito extraordinário na forma como percebemos a realidade. Se cada vez que for andar de bicicleta, dirigir um carro ou esquiar você pensar nas ocasiões em que caiu, teve um acidente ou se machucou, acabará evitando essas atividades pelo desgaste mental que pressupõem. Essa é a razão pela qual um pensamento se transforma em uma certeza limitante quando você o fundamenta de tal forma que se transforma em uma desculpa para evitar fazer alguma coisa. Sua mente foi forjando automatismos ao longo da vida e eles desembocam em bloqueios inúteis diante de certos desafios que surgem.

Por isso falamos de decisão! Assuma seu próprio controle, evite culpar o resto, as pessoas tóxicas que o cercam e as circunstâncias sociais, econômicas, de seu entorno.

Abandone seu papel de vítima: comece a ser o protagonista de sua vida.

Agora vou apresentar um esquema que pode ajudá-lo a entender a sua forma de agir e sentir em seu momento presente.

Esquema de realidade

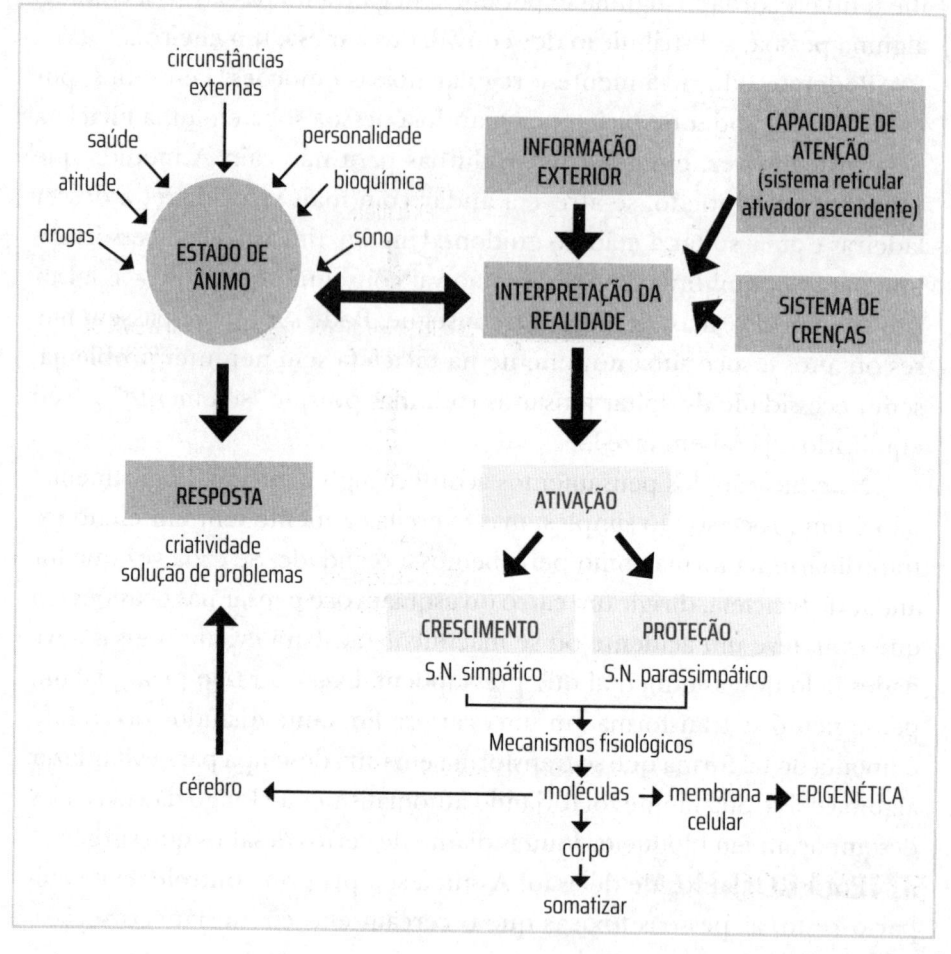

```
                circunstâncias
                   externas
     saúde              personalidade    INFORMAÇÃO      CAPACIDADE DE
   atitude               bioquímica       EXTERIOR         ATENÇÃO
                                                        (sistema reticular
   drogas         sono                                  ativador ascendente)
              ESTADO DE                       ↓
                ÂNIMO      ←→         INTERPRETAÇÃO DA   SISTEMA DE
                                          REALIDADE      CRENÇAS
                  ↓                           ↓
              RESPOSTA                     ATIVAÇÃO
             criatividade                ↙        ↘
          solução de problemas
                                    CRESCIMENTO   PROTEÇÃO
                                   S.N. simpático  S.N. parassimpático
                                           ↓
                                   Mecanismos fisiológicos
                                           ↓
              cérebro  ←           moléculas → membrana → EPIGENÉTICA
                                           ↓         celular
                                         corpo
                                           ↓
                                       somatizar
```

ROJAS, M. (2018)

Depois de receber um sinal do exterior, reagimos e interpretamos a realidade dependendo de três fatores:
- ✓ nosso sistema de crenças;
- ✓ nosso estado de ânimo;
- ✓ nossa capacidade de atenção e percepção da realidade.

Depois dessa interpretação, o corpo responderá em modo de alerta ou em modo de proteção – sistema nervoso simpático ou parassimpático –, afetando a mente e o organismo.

Vamos analisar com detalhe cada uma dessas interpretações.

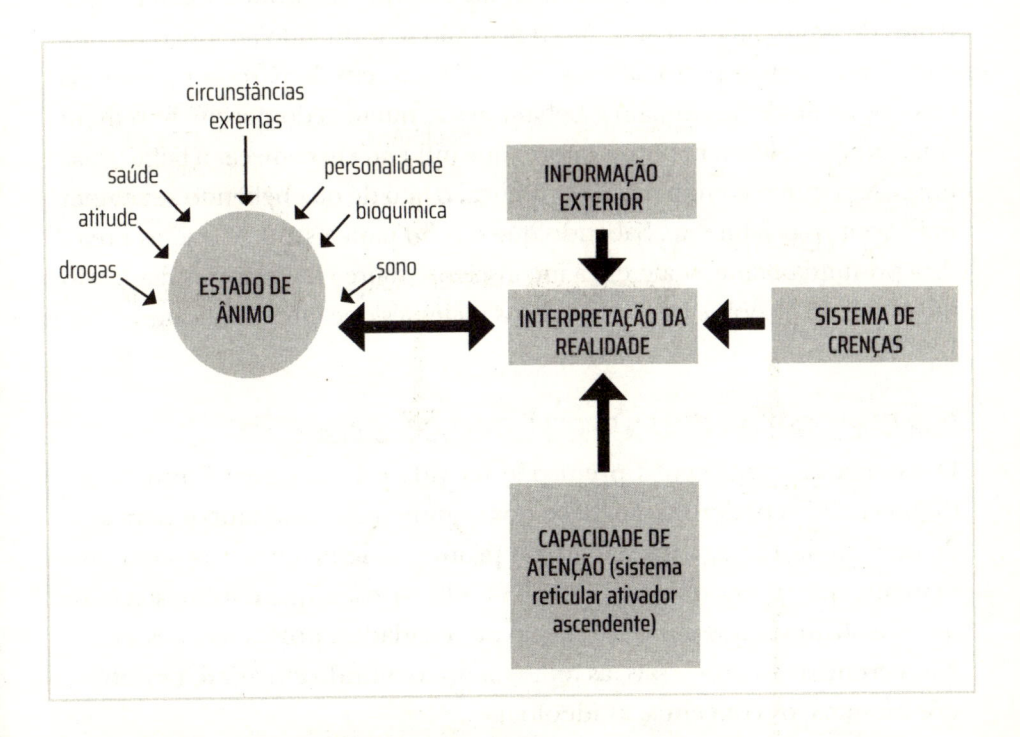

```
                circunstâncias
                   externas
        saúde            personalidade      INFORMAÇÃO
      atitude              bioquímica       EXTERIOR
      drogas       sono
               ESTADO DE        ⟷      INTERPRETAÇÃO DA   ⟵   SISTEMA DE
                 ÂNIMO                      REALIDADE            CRENÇAS
                                               ↑
                                        CAPACIDADE DE
                                        ATENÇÃO (sistema
                                        reticular ativador
                                          ascendente)
```

Comecemos pelo sistema de crenças.

SISTEMA DE CRENÇAS

Em que consiste o sistema de crenças? Seu sistema de crenças é baseado em suas ideias prefixadas sobre a forma de ver a vida e o mundo que o cerca e o que você acha de si mesmo – seja porque chegou sozinho a essa conclusão ou porque desde criança ou mesmo adulto não pararam de lhe repetir: "Sou assim", "sempre tive dificuldade de acordar", "pra mim é difícil lidar com as pessoas", "tenho medo de voar", "não tenho jeito para os esportes"...

Essas crenças são opiniões que temos sobre os vários aspectos da vida. Estão intimamente ligadas à maneira que temos de interpretar o mundo e podem ser do tipo consciente – "me dou conta" – e inconscientes – porque estão toda a vida ali.

Esse sistema de crenças inclui os valores, que matizam a maneira que temos de sentir, agir e reagir. As crenças vão se formando ao longo da vida e traduzem a visão personalizada que cada um tem de perceber a vida. Às vezes os adolescentes fumam e bebem desde muito cedo porque se sentem "mais adultos". Existem outros fatores que influem em começar a beber, mas uma causa muito comum é a insegurança, o fato de que bebendo se sentem mais aceitos socialmente. Sabendo que é ruim para a saúde e que os prejudica profundamente, sua crença inconsciente sobre eles próprios diante do tabaco ou do álcool se impõe aos riscos racionais que estes implicam.

POR QUE É TÃO IMPORTANTE REFLETIR SOBRE ISSO?

O sistema de crenças nos predispõe na vida e forma uma fonte de influência muito poderosa. Fornece-nos argumentos automáticos para agir de uma ou outra maneira. São juízos profundamente enraizados em nossa mente que nunca questionamos e são decisivos, já que é sobre sua base que construímos nossa interpretação da realidade e nossas reações a esta. Essas crenças são universais, as temos sobre o mundo em geral, os outros, nós mesmos, os conceitos, as ideologias...

Quando as coisas não saem nunca como esperamos ou sofremos sempre por tudo o que nos rodeia, se nos sentimos radicalmente inadaptados talvez seja porque primeiro deveríamos analisar como foi construído nosso sistema, nossa visão do mundo. Talvez nos surpreendamos com crenças que estão dentro de nós mesmos e limitam nosso crescimento interno. Não tenha medo de questionar aquilo que limita você, porque talvez assim melhore a sua capacidade de perceber a realidade e possa focar a Sua Melhor Versão[14] (SMV).

Algumas dessas crenças são obstáculos para nossa capacidade de atingir objetivos ou de enfrentar desafios de forma saudável, devido ao fato de bloquearem nossa mente com sentimentos de insegurança e medo.

---

14 No nono capítulo exporei algumas ideias sobre como chegar à Sua Melhor Versão – SMV. (N. A.)

Continuemos...

```
                    circunstâncias
                       externas
         saúde              personalidade
      atitude                  bioquímica
                   ESTADO DE
      drogas        ÂNIMO      sono
```

A felicidade – temos insistido nisso ao longo destas páginas – não depende da realidade em si, mas de como eu interpreto essa realidade. Aqui, o estado de ânimo tem uma força impressionante. Um exemplo frequente: você está feliz porque seu time ganhou a Liga dos Campeões; se encontrar no dia seguinte seu chefe, com o qual não tem uma boa relação mas que torce pelo mesmo time, provavelmente o olhará com olhos menos críticos ou seja capaz de iniciar uma conversa amável e divertida. Se, pelo contrário, seu time perder e seu irmão, torcedor do rival que venceu, lhe telefonar para comentar a derrota, você talvez nem sequer atenda ao telefone, desligue e se enfie na cama sem jantar.

De que depende o estado de ânimo?

Existem diferentes aspectos que modulam e alteram o estado de ânimo. Não quero tornar excessivamente extensas estas páginas, já que este tema daria um livro inteiro. Exporei de forma simples estas ideias.

1. O CONSUMO DE DROGAS E ÁLCOOL

O consumo dessas substâncias prejudica seriamente a saúde mental. Um de seus principais efeitos é uma alteração grave da percepção de sensações e estímulos. Todos nós conhecemos pessoas que, depois de ingerir álcool, se tornam mais sensíveis e vulneráveis e por isso é preciso ter cuidado com suas reações e comentários. O consumo frequente dessas substâncias ou o vício nelas alteram profundamente o estado anímico e a interpretação da realidade que percebem aqueles que as consomem.

2. A BIOQUÍMICA OU A GENÉTICA

Existem pessoas que são mais propensas a se deprimir ou afundar devido a fatores genéticos ou a padecer previamente de enfermidades severas tipo transtorno bipolar, depressões recorrentes, estados de ansiedade generalizados... Também influem os estados hormonais, que geram vulnerabilidade na mulher – transtorno pré-menstrual, puerpério... É provável que indivíduos que provêm de famílias com vários membros com depressão tenham um estado anímico mais frágil a acontecimentos do entorno.

3. A SAÚDE FÍSICA E AS CIRCUNSTÂNCIAS EXTERNAS

Se estivermos atravessando um momento profissional difícil ou uma dor física forte, isso influirá na maneira como percebemos a realidade porque nosso estado de ânimo estará mais sensível e vulnerável. Quando chega a sua vida uma enfermidade, uma época difícil ou uma situação extrema, o fato de ter consciência de que você não é plenamente "objetivo" o ajuda a não ser tão duro com a realidade e com aqueles que o cercam.

4. TIPO DE PERSONALIDADE

Nesta seção expomos desde transtornos de personalidade severos – limítrofe, esquiva, esquizoide – até traços de personalidade marcantes que influem profundamente no estado anímico. Por exemplo, os jovens com transtorno de personalidade limítrofe – impulsividade, instabilidade emocional, medo intenso do abandono, autolesões, baixa tolerância à frustração – sofrem altos e baixos emocionais intensos, interpretam a realidade de forma radical e percebem constantemente o entorno como ameaçador. Tudo isso faz com que, longe de agir racionalmente, suas reações muitas vezes sejam guiadas pela agressividade e pela raiva. Conseguir que se divirtam e mantenham um equilíbrio interno exige trabalhar de forma importante sua personalidade – desde farmacoterapia à psicoterapia individual ou de grupo. Outro tipo de personalidade que tende a sofrer é a chamada PAS: Personalidade Altamente Sensível. Não está hoje no DSM-5 – o manual dos transtornos mentais –, mas existe e tê-la gera importantes efeitos naqueles que a padecem.

O CASO DE ERNESTO

Ernesto é um paciente que vem ao meu consultório por problemas de ansiedade. Os episódios começaram na universidade, com as provas, mas agora padece deles em diversos lugares e situações. A isto se acrescenta o fato de que reconhece ser uma pessoa "depressiva". Ele detalha isso desta maneira:

– Sem motivo aparente, estou em um lugar e preciso ir embora, fico nervoso e paro de aproveitar.

Tem várias lojas de roupa masculina, um negócio familiar, no qual trabalha com sua mulher. Tem dois filhos pequenos. Descreve-se como alguém com tendências a se entristecer com facilidade. Admite ter muitos altos e baixos, mas desconhece sua causa. Eu lhe peço, depois da primeira consulta, que preste atenção e anote seus piores momentos para tentar analisar os motivos que o levam a ter desânimos todos os dias. Quando vem de novo ao consultório comenta:

– Você vai pensar que estou pior do que estou.

Sorrio. É uma frase muito repetida no consultório quando alguém tem vergonha de contar alguma mania ou pensamento curioso. Diz que depois de muitos anos se deu conta de que a decoração dos lugares e a forma como as pessoas se vestem o alteram profundamente. Detalha com toda a riqueza de detalhes que um dia, na casa de seus sogros, viu que a parede estava descascada e imediatamente sentiu que "precisava ir embora dali, não conseguia suportar". Afirma que os lugares, se não estiverem bem cuidados, desprendem "algo negativo e me bloqueio". Acrescenta que a mesma coisa lhe acontece com formas de vestir, ruídos e odores.

– Preciso que as pessoas cuidem dos detalhes, que sejam educadas; caso contrário, prefiro não ir a esses lugares. Não consigo curtir.

Acrescenta que, quando vai jantar com sua mulher e não lhe agradam seus sapatos e vestidos, não consegue ser carinhoso: "fico arisco e quero voltar para casa o quanto antes possível".

Comenta que se sobressalta com facilidade diante de ruídos estridentes ou estímulos pouco harmônicos. Descubro no interior de Ernesto uma pessoa com uma sensibilidade à flor da pele. O que Ernesto padece se chama PAS – Personalidade Altamente Sensível.

PAS – A personalidade altamente sensível

Você percebe que se preocupa com os outros mais do que o normal? Vive a procurar a tranquilidade e o sossego? Fica alterado em lugares caóticos? Percebe a realidade de forma mais profunda do que as pessoas a sua volta?

Estes são alguns dos traços das pessoas com PAS, indivíduos que possuem um sistema nervoso mais sensível e percebem com maior intensidade as mudanças e os detalhes do entorno. Um excesso de estimulação as perturba profundamente. Provavelmente esse tipo de personalidade sempre existiu ao longo da história, mas só veio à luz e começou a ser estudada recentemente. Também pode ser que os casos sejam mais frequentes devido ao fato de que, por vivermos na sociedade mais hiperestimulada da história, é, portanto, mais fácil que os sentidos de certas pessoas se saturem com mais facilidade.

Essas pessoas são especialmente intuitivas, mas o mau controle de suas emoções ou a falta de consciência sobre o tema pode constrangê-las e levá-las a se bloquear.

Passemos a detalhar algumas características:

♡ Sentem com mais intensidade.

♡ Captam minuciosamente a realidade com mais intuição. Possuem uma grande capacidade de observação: se fixam nos detalhes de um quarto, na roupa, na arte, no clima ou no estado de espírito dos outros.

♡ Têm mais facilidade para se sentir cansados e agoniados diante do excesso de estímulos.

♡ Possuem uma grande empatia e são capazes de se colocar no lugar dos outros, preocupando-se muito com os outros. Se emocionam com facilidade.

♡ Existe um componente de timidez em muitas dessas pessoas.

♡ Costumam se avaliar mais e ser mais cautelosas ao enfrentarem uma situação ou desafio. Precisam de muita segurança antes de tomar uma decisão ou embarcar em um projeto e por isso coletam, previamente, muitos dados e só decidem depois de uma análise meticulosa.

♡ Processam as informações com muita sutileza e profundidade, em muitas ocasiões são perfeccionistas, pois valorizam os detalhes em grande medida.

♡ Valorizam muito a educação e são especialmente cuidadosas.

♡ São mais sensíveis às críticas; têm dificuldade de aceitar que lhes digam coisas negativas.

♡ Captam com maior intensidade matizes, ruídos, cheiros, temperaturas.

♡ Existe tanto nos homens como nas mulheres, embora pareça que nas mulheres seja mais frequente. A realidade é que nos últimos anos cresceu esta sintomatologia nos homens, que, em muitas ocasiões, não sabem como se adaptar a essa sensação.

♡ Algumas desenvolvem com mais frequência ansiedade ou depressão, por serem mais vulneráveis ao mundo exterior e ao interior.

5. O SONO

Este capítulo tem uma relevância especial. Passamos – ou deveríamos passar – um terço de nossa vida nos braços de Morfeu. O sono é algo importante, que precisa ser cuidado.

Entramos no mundo da noite e do sono. Todos sabemos o que é passar uma noite em claro, sem conseguir conciliar o sono ou dormir e despertar muitas vezes a cada instante. Em ambos os casos a pessoa se levanta de manhã com uma sensação de esgotamento. Quando o descanso falha, a mente não funciona com normalidade. Surgem problemas de memória e aprendizagem, falhas de atenção e concentração e erros nas habilidades cognitivas. A ausência de descanso ou um descanso ineficiente nos transformam em seres susceptíveis e irritadiços que não conseguem responder de forma adequada aos estímulos exteriores.

A falta de sono afeta inclusive o sistema imunológico: o sistema nervoso parassimpático, encarregado do descanso, da recuperação e da fabricação de linfócitos, se vê debilitado e profundamente alterado.

Os pesadelos, os múltiplos despertares, um sono leve ou a sensação de falta de descanso são as principais causas de consultas aos médicos, neurologistas ou psiquiatras. Em algumas etapas da vida é necessária uma medicação, mas seu consumo crônico tem efeitos prejudiciais para o cérebro. Contamos com estudos longitudinais sobre as consequências de abusar destes fármacos para dormir. As benzodiazepinas – alprazolam, lorazepam, diazepam e seus derivados – entram no organismo e induzem ao sono, cada uma com seu mecanismo de ação, mas, consumidas ao longo do tempo, geram tolerância, abuso e dependência. A supressão é, na maior parte dos casos, um problema.

O sono é fundamental porque é básico para renovar algumas zonas do cérebro, entre outras o hipocampo – decisivo para a memória e a aprendizagem e que regula vários níveis do medo. Durante a noite a memória se reconstrói e são revividos os aprendizados do dia. Por isso, os estudantes que dormem mal têm piores resultados nos exames. Cuidado com aqueles que passam a noite acordados estudando à base de cafeína! Talvez no dia seguinte possam até ser aprovados, mas seu cérebro não consolidou o que aprenderam à noite; aquilo simplesmente foi tirado da memória a curto prazo para sair do caminho.

Durante o sono também se armazenam emoções, sejam de gratidão ou de ressentimento e raiva. Por isso, é tão importante trazer à mente pensamentos alegres ou positivos antes de se deitar.

UMA CURIOSIDADE: POR QUE O CAFÉ DESPERTA?

Curioso, mas muito interessante. Vejamos. Qualquer atividade que fazemos – trabalhar, estudar, praticar esportes, movimentar-se – requer o uso de energia. Como se chama a energia do corpo? Se chama ATP – adenosina trifosfato. Cada célula se alimenta dessas moléculas que provêm, principalmente, daquilo que ingerimos. Quando nos exercitamos, trabalhamos, pensamos, fazemos uso da ATP, que o corpo vai consumindo aos poucos.

Toda vez que usamos uma molécula de ATP esta se quebra e se divide em duas: uma molécula de fosfato e outra de adenosina. A molécula chamada adenosina é importante para nosso descanso, pois é uma substância que induz ao sono. O cérebro tem receptores sensíveis e especializados para a adenosina. Se os níveis dessa molécula são elevados, nosso organismo percebe uma sensação de sonolência e o sono será mais profundo. O corpo – que é muito sábio – usa esse sistema para gerar sensação de cansaço e induzir ao sono depois do esforço, do exercício, dos estudos... Existem outras moléculas responsáveis pelo processo de repouso, mas os níveis elevados de adenosina possuem uma grande repercussão no sono e nos ajudam a descansar melhor.

Qual é o papel do café? Aqui entra em jogo a famosa cafeína: a molécula "antissono" por excelência que foi descoberta, em 1819, pelo químico alemão Friedlieb Ferdinand Runge.

Possui uma grande semelhança com a adenosina; é o que se denomina de antagonista não seletivo dos receptores de adenosina; ou seja, ao consumir cafeína bloqueamos os receptores do cérebro sensíveis à adenosina. Nesse momento o cérebro já não recebe o sinal de que "tem sono" e por isso conseguirá ficar mais tempo desperto, trabalhando ou realizado alguma atividade.

Dormir pouco tem efeitos nocivos para o corpo e a mente. O ser humano, em geral, precisa de quatro ou cinco ciclos de sono. A duração de cada um deles gira em torno de noventa minutos.

Um exemplo que certamente aconteceu com você em alguma ocasião. Você acorda no meio da noite com a sensação de estar bem-disposto. Volta a dormir e quando se levanta de manhã, com o despertador tocando, se sente aturdido e cansado. A que se deve? Está relacionado com os ciclos do sono.

Existem cinco fases: a 1 e a 2 são de sono leve, a 3 e a 4 de sono profundo e a 5, a fase REM (*Rapid Eye Movement*), que é quando a pessoa sonha. Cada ciclo dura, como já dissemos, por volta de noventa minutos: sessenta ou setenta e cinco minutos das fazes 1 a 3 e mais vinte minutos da fase 5.

O que a ciência do sono postula é que não depende tanto do número de horas que a pessoa passa na cama, e sim dos ciclos de sono realizados.

Um truque que pode ser útil se suas fases de sono são regulares é o seguinte: procure uma hora para se levantar. Que vá de hora e meia (o tempo aproximado de um ciclo) em hora e meia (hora e meia, três horas, quatro horas e meia, seis horas, sete horas e meia). Tudo depende de se você precisa madrugar, tem uma viagem, conta com menos tempo... Ou está aprendendo a administrar seu sono. Vejamos um exemplo: se você se deita à meia-noite e coloca o despertador para as sete e meia, terá menos dificuldade de acordar e até perceberá que seu cérebro foi ativado com facilidade e maior frescor. Se o programar para as oito, embora durma mais, curiosamente terá que se esforçar mais para se levantar. Seu despertador terá tocado em plena fase de sono profundo.

Cada pessoa é um mundo e seus ciclos são afetados por fatores como o exercício, o estresse, os remédios ou o consumo de álcool. Todos conhecemos alguma pessoa que, embora tenha dormido menos de cinco horas, *funciona* e está em condições ótimas para trabalhar. Por isso, os ciclos de sono merecem ser estudados individualmente para que seja possível adaptar a eles nossos horários.

Higiene do sono: cinco conselhos para dormir bem

A. Prescinda dos dispositivos antes de dormir
Antes de ir para a cama, cuidado com a tela, os videogames, as redes sociais. Existem vários estudos que apontam o efeito prejudicial do contato com qualquer tela – telefone, smartphone, tablet... – antes de se deitar. Um estudo publicado em 2014 pela revista *British Medical Journal*, que ouviu 9.846 adolescentes entre 16 e 19 anos, demonstrou que o uso da tela alterava o padrão normal do sono. Quanto mais se usa um dispositivo antes de dormir, maior é o risco de descanso defeituoso. O problema está no *Sleep Onset Latency* (SOL), ou seja, o tempo usado para adormecer. A luz azul do aparelho impede a secreção do hormônio do sono: a melatonina. Os estudos afirmam que essa luz diminui em até 22% a produção dessa substância. Alguns dispositivos já contam com um *modo noturno*, que faz a luz que a tela emite ser filtrada, afetando de forma muito menos intensa a melatonina.

B. Cuidado com os estímulos emocionais

Uma conversa que o preocupa, um jantar que acaba em conflito, uma discussão acalorada com seu cônjuge são ingredientes para que você não descanse nesta noite de forma adequada. Se costuma ver filmes que o aterrorizam ou notícias que o perturbam, avalie bem a última coisa que vai levar aos seus olhos ou à sua mente antes de se deitar.

Cada pessoa é um mundo quando se trata da questão do descanso. Existem pessoas que adormecem inclusive no meio de um filme de ação e outras que não conseguem descansar por causa de estímulos quase imperceptíveis. O importante é que você se conheça e aceite que há fases de sua vida nas quais está mais vulnerável e para não prejudicar a qualidade de seu descanso deve prestar mais atenção às emoções que afetam seu sono.

C. Cuide dos últimos pensamentos antes de fechar os olhos

Cuidado ao repassar tudo que o preocupa deitado da cama, tente não antecipar todas as coisas negativas que aconteceram ao longo do dia ou poderão acontecer no dia seguinte. Foque em algo alegre e positivo que tenha acontecido e o faça sorrir. Por pior que tenha sido o dia, sempre há algo positivo a que se agarrar.

D. Adote uma rotina saudável

A higiene do sono se baseia no fato de que o cérebro vai se preparando para entrar nas fases do sono de forma saudável. Recomenda-se aos pais de recém-nascidos "um ritual" antes de deitá-los à noite para que o cérebro do bebê vá se acondicionando para dormir. Com os adultos acontece uma coisa parecida. Uma ducha, ler alguma coisa tranquila, beber alguma infusão, meditar ou rezar, ouvir música ou ver alguma série que os ajude a se desconectar podem ser "rituais" para preparar suas mentes antes de chegar às profundezas do sono.

> **DOIS AMIGOS OU INIMIGOS**
> Cuidado com os exercícios excessivos durante a noite. Da mesma maneira que eles ajudam algumas pessoas a liberar o cortisol e a descansar mais

> profundamente, a outras ativa e as impede de dormir.
> Os jantares exagerados e o álcool são agentes disruptores do descanso.
> Cuidado com a cafeína, o chá ou alguns estimulantes antes do sono.

E. Durma sem luz
Talvez você se surpreenda. No verão, muita gente aproveita para dormir com a janela aberta e acorda quando os primeiros raios de sol entram no quarto. Isso não é um problema – desde que não se importe de madrugar. Refiro-me a manter alguma luz acesa em algum lugar do quarto, desde o sensor da televisão, ter as notificações ativadas no telefone ou uma luz no corredor... Por menores e imperceptíveis que essas luzes pareçam, elas têm um efeito nocivo para a produção de melatonina.

6. O ESTADO DE ÂNIMO DEPENDE DA ATITUDE
A atitude prévia a qualquer situação determina como o indivíduo responde a ela. A maneira como enfrenta uma entrevista de trabalho, um encontro amoroso, uma prova, influi de forma crucial no seu resultado. Há pessoas que sempre preferem ir "pensando no pior" para não ter esperanças em vão. É certo que dessa maneira é possível se surpreender positivamente ao desfrutar de algo inesperado, mas sabemos que o cérebro se ativa de forma impressionante ao colocar uma atitude positiva como centro do comportamento.

A atitude é a decisão com a qual eu resolvo enfrentar a vida. E, por ser uma decisão, sempre posso trabalhar para melhorá-la.

A atitude é um potente ativador do estado de ânimo. Há vezes em que a pessoa está em um estado depressivo que a faz não responder a atitudes de nenhum tipo, mas sabemos que quando aquele que sofre, adoece e sente dores usa a sua melhor disposição – embora lhe custe! –, as coisas vão aos poucos melhorando e fluindo.

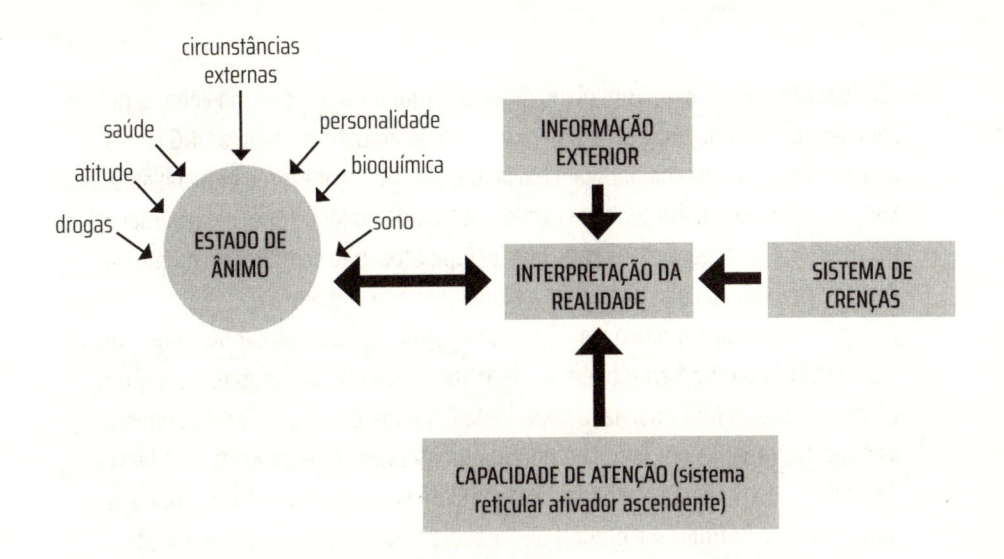

Diagram:
- ESTADO DE ÂNIMO ← saúde, atitude, drogas, circunstâncias externas, personalidade, bioquímica, sono
- ESTADO DE ÂNIMO ↔ INTERPRETAÇÃO DA REALIDADE
- INFORMAÇÃO EXTERIOR → INTERPRETAÇÃO DA REALIDADE
- SISTEMA DE CRENÇAS → INTERPRETAÇÃO DA REALIDADE
- CAPACIDADE DE ATENÇÃO (sistema reticular ativador ascendente) → INTERPRETAÇÃO DA REALIDADE

CAPACIDADE DE ATENÇÃO, O SISTEMA RETICULAR ATIVADOR ASCENDENTE (SRAA)

> *O verdadeiro ato do descobrimento não consiste em procurar novas terras, mas em aprender a ver a velha terra com novos olhos.*
> MARCEL PROUST

Sistema reticular ativador ascendente é um nome feio, mas um lugar do cérebro francamente interessante e inspirador.

O DIA EM QUE MINHA VIDA MUDOU
SOMALY MAM

Havia terminado meus estudos de Medicina. Passei no MIR[15] para escolher minha especialidade. Dias antes de ir ao Ministério da Saúde para optar por uma vaga em um curso de psiquiatria em Madrid, conversei com uma boa amiga da

---

15 Médico Interno Residente, também conhecido por sua sigla MIR, é um termo que se refere à forma de especialização de médicos adotada na Espanha desde 1978. Só pode ser realizada em centros devidamente credenciados pelo Ministério da Saúde e Política Social da Espanha. (N. T.)

faculdade. Ela me sugeriu um plano maluco: largar a vaga – poderia voltar a fazer o exame um ano depois – e ir para o Camboja, trabalhar em uma ONG com a qual ela e sua família colaboravam havia muito tempo. A ideia me entusiasmou. Minutos antes de minha senha ser chamada na tela do Ministério, me levantei e fui embora. Liguei para meus pais, que, estupefatos, não acreditaram na minha decisão. Dediquei os dias seguintes a planejar minha viagem.

Não conhecia a fundo a história, nem a forma de vida dos cambojanos. Fui a uma livraria da rua Serrano, em Madrid, que tem livros de viagem, e comprei vários sobre a cultura budista, a história do Camboja e as tradições do sudeste asiático. De repente um livro chamou minha atenção: *O silêncio da inocência*, de Somaly Mam. Dei uma olhada no resumo de sua vida: havia sido vendida a uma rede de prostituição e bordéis do Camboja e passara mais de dez anos trabalhando até que se apaixonou por um cliente e conseguiu deixar aquela vida.

Fundou uma das principais ONGs do mundo em matéria de tráfico de pessoas e combate ao abuso sexual e à prostituição. A dedicatória é dirigida à rainha Sofia: "À rainha Sofia, por sua atenção constante com os demais. Foi ela quem me deu força para prosseguir em meu combate".

Comprei o livro, que trata de abusos e agressões em um mundo moralmente vazio. Foram as páginas mais duras que li em minha vida. Nasceu em mim um grande interesse em conhecer essa lutadora sobrevivente. Percebia, através das páginas do livro, que em parte Somaly não havia conseguido superar alguns dos traumas e feridas de seu passado. Quando libertava alguma menina, sua maneira de expressá-lo desvelava uma dor que ainda não estava curada.

Tentei localizá-la, procurei na internet, seu site, fundação... Enviei vários e-mails. Nunca recebi uma resposta. Soube que havia viajado por vários países da Europa e pelos Estados Unidos denunciando essa praga. Resolvi ajudá-la e por isso precisava estar com ela. Usaria todos os meios possíveis para encontrá-la em algum momento. O primeiro passo era óbvio: teria que voar para o Camboja.

O percurso planejado era Madrid – Londres – Bangcoc – Phnom Penh. Quando cheguei em Londres, uma tormenta atrasou em duas horas a aterrissagem e por isso perdi meu voo para a Tailândia. Passei a noite em um hotel do aeroporto e, na manhã seguinte, me transferiram para o voo de outra companhia. Na porta de embarque me avisaram que minha bagagem havia se perdido no aeroporto. Sugeriram esperar que aparecesse ou reclamar no lugar de destino. Subi no avião, estava decidida a ajudar no Camboja e a perda de uma mala não iria me impedir.

> Aterrissei em Bangcoc. Depois de três horas de espera, consegui pegar um voo para Phnom Penh. Uma vez lá, corri apressada para reclamar minhas malas. Ao meu lado, uma senhora cambojana reclamava as dela. Olhei-a fixamente: parecia com Somaly – a do livro! –, mas eu nunca havia visto seu "rosto cambojano". Mas, por via das dúvidas, peguei o livro e coloquei-o em cima do balcão.
> – Você está com meu livro – me disse em inglês.
> Não podia acreditar. Era ela! Um calafrio percorreu minhas costas. Que sorte! Eu lhe disse, apressada e nervosamente – não havia dormido bem, as emoções se encavalavam –, que estava vindo ao Camboja para procurá-la, que tinha uma ideia para ajudá-la em seu projeto com as meninas. Não acreditou[16]. Olhou ao seu redor. Estava acompanhada por um sujeito que agia como protetor ou guarda-costas. Era um momento emocionante da minha vida e ia perdê-lo.
> – Você ama muito uma pessoa – acrescentei.
> – Quem? – perguntou-me.
> – A rainha Sofia – contestei.
> Ela me olhou detidamente.
> – Você a conhece?
> – Todos a conhecemos!
> Finalmente me sorriu amavelmente e disse:
> – Aqui está meu telefone, me ligue amanhã!

Depois desse encontro providencial reconheci nela uma autêntica lutadora interessada em ajudar outras mulheres. Por sua mão, adentrei no mundo da prostituição e dos bordéis fazendo prevenção da AIDS e enfermidades transmitidas sexualmente, terapias com meninas e jovens violadas e abusadas, e até conheci pessoalmente a rainha Sofia e estive com ela várias vezes, já que estava interessada em colaborar com Somaly.

Entrei em contato com um mundo terrível, cheio de dor e sofrimento físico e, sobretudo, psicológico. Atendia a mulheres com verdadeiros traumas, mas recebi em troca a satisfação de poder ajudar, de ser útil no meio desse submundo, de dar ajuda profissional e pessoal a pessoas que não

---

[16] Somaly foi uma mulher analisada e perseguida por máfias e várias organizações. Nos últimos anos foram publicados artigos e entrevistas criticando sua vida e seu trabalho. Nestas páginas descrevo de forma objetiva o que vivi, a experiência em sua fundação, as terapias com as quais colaborei e minha relação pessoal com ela. (N. A.)

tinham nada. Uma experiência dessas enriquece mais a quem dá do que a quem recebe, pois ajuda a agradecer e a valorizar mais o que se tem e a não deixar de lado aqueles que sofrem. E tudo por um encontro casual em um aeroporto reclamando algumas malas perdidas... Foi sorte? Graças a esse instante minha vida mudou. Como foi bom perder o voo... E as malas!

SISTEMA RETICULAR ATIVADOR ASCENDENTE (SRAA)

A cada instante nossa mente capta vários milhões de *bits* de informação, mas só presta atenção naquilo que nos interessa ou que faz parte de nossas expectativas ou sonhos.

Como estamos expostos a uma multidão de estímulos, o SRAA é o encarregado de filtrar e priorizar, no meio de toda essa informação, aquilo que tem interesse para nossos objetivos, preocupações e inclusive nossa sobrevivência. Se tivéssemos um cérebro que assimilasse e tratasse todos os estímulos, acabaríamos esgotados.

Quando uma mulher está grávida e passeia pela rua, pode pensar: *Quantos carrinhos de bebê há no meu bairro!*. Na realidade não há um *boom* de natalidade. O que acontece é que seu cérebro está mais "sensível" a essa informação. Se alguma coisa nos interessa, o cérebro faz o possível para localizá-la entre todos os *inputs* que recebe. Quando procuramos apartamentos para alugar, de repente nosso cérebro vê cartazes em todos os lugares. Se estamos interessados em um modelo de carro, de repente o vemos em todos os sinais de trânsito... Provavelmente muitos desses cartazes e carros estavam ali havia muito tempo, mas você não tinha a intenção ou a capacidade de vê-los. Sua cabeça estava ocupada com outras coisas.

> Quando você deseja fortemente alguma coisa, será capaz de visualizá-la.

Isso não significa que pelo mero fato de desejar alguma coisa ela vai aparecer no dia seguinte. Trata-se de dar ao cérebro objetivos e esperanças para estar aberto a eles se passarem ao nosso lado. O problema é que muita gente desconhece o que "deseja", inclusive simplesmente se deixa levar. A razão de não acontecer coisas interessantes na vida da maior parte das pessoas é muito simples: não sabem o que querem que lhes aconteça.

> Imagine, pense e sonhe com coisas grandes; atue no pequeno.

Use sua imaginação de forma saudável. Se deseja algo – com certo realismo – de verdade e o imagina com força, pode consegui-lo. Deixe seu coração voar. Faça um plano de ação e execute-o. O plano é fundamental: sem plano nem objetivos a curto prazo, não se conseguem as coisas boas. Nas palavras de Bernard Shaw, não acontece nada por desenhar castelos no ar, desde que você seja capaz de construir fundações sob eles. Use sua imaginação. Sonhe. Do ponto de vista neurobiológico, acontecem coisas impressionantes no cérebro quando você imagina algo com força e esperança. Seu cérebro experimenta uma mudança, já que você induz um estado emocional que tem a capacidade de modificar o procedimento normal de seus neurônios.

> A pessoa atrai o que vai acontecendo em sua vida.

Foque no que você deseja de verdade, use a sua paixão para ter esperança em um projeto grande – ou pequeno! –, mas desperte o mais profundo de seu ser, e começará a sentir que algo está acontecendo em seu interior. Você ganha em segurança, em confiança, em alegria... E, uma coisa ainda mais surpreendente, seu cérebro muda. Estados de esperança mantidos ao longo de alguns dias ativam um processo de neurogênese: células-mãe acodem ao hipocampo – zona da memória e aprendizagem – e se transformam em neurônios. Conhecemos poucas maneiras de regenerar novas células neuronais: a paixão e a esperança são umas delas!

> Todo ser humano, quando se propõe a isso, pode ser o escultor de seu próprio cérebro (Santiago Ramón e Cajal).

Sua mente e seu corpo se transformam quando percebem que algo positivo pode acontecer. Não se trata de ficar obcecado por atingir um objetivo exato – a vida sempre o leva para onde você quer –, mas de conseguir um estado mental que o leve a atingir a SMV – Sua Melhor Versão[17]. Recorde que se obcecar por uma meta pode levar a um efeito contrário, ou seja, não visualizar as alternativas interessantes que surgem em sua vida porque você está exclusivamente focado em conseguir alguma coisa muito específica e concreta. Às vezes é necessário tomar distância, ter uma visão mais global e, talvez, mirar uma meta distinta. Na vida recebemos constantemente "sinais" – cada um pode denominá-los como melhor lhe convém – para encontrar um caminho adequado e poder, então, desenvolver sua melhor versão.

CONSELHOS PARA POTENCIALIZAR SEU SRAA

- ✓ A cada manhã, quando se levantar, ainda na cama ou depois, durante o café, procure um objetivo para esse dia. Pode ser desde algo insignificante (falar com alguém, manter uma conversa, um telefonema...) ou um desafio mais importante que lhe dê esperança (o que colocará seu cérebro em estado emocional ótimo).

- ✓ Imagine-se superando esse desafio, com esperança, paz e confiança. Sinta-o, delicie-se, desfrute-o. Apenas alguns instantes. Cuidado para que a imaginação não o decepcione perdendo tempo nas nuvens.

- ✓ Pense em um primeiro passo para se aproximar dele, faça um plano sucinto.

---

[17] No nono capítulo faremos uma pequena equação da SMV. (N. A.)

✓ Ânimo! Você está perto de conseguir. Ativou seu SRAA para que seja mais simples chegar lá!

Abrir a mente é fundamental. Se não ativarmos nossa atenção – e o SRAA! – não veremos as possibilidades que surgem. Se, pelo contrário, adotarmos uma atitude receptiva, otimista e com fé, seremos capazes de entender o que acontece com a gente para dar um significado a nossas experiências.

Temos um problema... Neste mundo não prestamos mais atenção ao que acontece com a gente e não nos surpreendemos com nada! A sociedade de hoje precisa voltar a olhar a realidade com atenção e curiosidade; se você observa qualquer coisa com atenção, em pouco tempo ela se transforma em algo interessante. Isto requer parar e ser capaz de ouvir em silêncio. O silêncio não é a ausência de som! É a capacidade de olhar para dentro com paz, rompendo com o barulho exterior.

Tente caminhar pela rua com uma criança e perceberá tudo o que ativa a sua atenção. A creche do meu filho caçula fica a menos de 500 metros da minha casa. Quando o levo, demoro quase meia hora e volto em menos de cinco minutos. A razão? Existem múltiplos "distraidores" que atraem sua atenção: carros da polícia, caminhões de lixo, motociclistas, aviões, luzes coloridas, vitrines, músicas a todo volume vindas dos automóveis, pessoas desconhecidas com quem cruzamos e que ele cumprimenta...

APRENDER A VOLTAR A OLHAR PARA A REALIDADE

Saber olhar é saber amar.
Enrique Rojas

Observe e se deleite com a realidade que o cerca; verá como ela é sempre atraente de uma forma ou outra. Olhar com atenção devolve o interesse e o fascínio pela vida. Devemos aprender a olhar a realidade com novos olhos, com ternura, sem dureza. O que é necessário para isso? Curiosidade e espanto.

Eu lhe recomendo: volte a olhar seu trabalho, sua família, seus filhos, sua casa... com surpresa! Talvez lhe chame atenção algum detalhe ao qual sem querer se habituou, ou talvez redescubra coisas positivas que havia ignorado. Isto é especialmente importante nas relações; olhe seu marido ou mulher como se fosse pela primeira vez, fixe-se em sua fisionomia, em sua linguagem corporal, se aprofunde em seu olhar, na forma que tem de tratar o próximo e a você mesmo... Não se acostume nunca com a pessoa pela qual se apaixonou. Evitar que a rotina o vença exige atenção.

Se você olha a realidade com indiferença ou fastio, dando tudo como certo, sem se deter nos matizes, o mais provável é que se engasgue sempre no mesmo, que fique constantemente com o negativo, o difícil, o que não tem solução simples.

O CASO DE EMÍLIA

Emília se divorciou fazia oito anos. Vivia há vinte com seu marido, Juan, um sujeito pelo qual estava muito apaixonada. Tinham três filhos adolescentes, de 19, 17 e 16 anos. A relação ia bem, se respeitavam e se amavam, com os altos e baixos próprios de qualquer casamento, mas globalmente eram um casal estável.

Juan, por motivos de trabalho, começou a viajar muito pelos Estados Unidos. Passava longas temporadas entre Nova York, Miami e Los Angeles. Emília o acusava, pois se acostumara a ter um casamento sólido, e notava que o tratamento estava ficando mais frio. De fato, um dia Juan se sentou com Emília ao voltar de uma viagem e lhe disse que se apaixonara por outra pessoa. Emília tentou dissuadi-lo, convencê-lo, levou-o a vários terapeutas, mas Juan já havia decidido. A outra mulher era jovem, tinha 26 anos, e estava esperando um filho dele. Emília se deu conta de que, mesmo o amando, não conseguiria perdoá-lo.

Os primeiros quatro anos foram um inferno para ela; sofria, chorava e passou por uma depressão severa. Depois de adotar um tratamento farmacológico, melhorou e parou de tomar os remédios.

Quando veio ao meu consultório, como já disse, haviam se passado oito anos desde a separação. Estava acompanhada por sua filha mais velha, de 27 anos, residente de Medicina em um hospital de Madrid. Ela comentou que sua mãe não voltou a ser o que era e que, apesar dos anos, não recuperou a esperança por nada. Explicou que sempre tem um comentário negativo para todo mundo, julga a todos com dureza e seu olhar para o exterior é de desprezo. Nega estar triste ou deprimida e só fala para criticar ou julgar os outros. Fixa-se nos detalhes mais insignificantes e acha que tudo em seu entorno deveria ser melhorado. Vai ser avó dentro de poucos meses e seus filhos estão preocupados com suas atitudes.

Quando converso com Emília vejo uma mulher "zangada com a vida". Desde o primeiro instante se queixa do clima, do trânsito de Madrid e de que seus filhos são muito exigentes. Na entrevista, que dura uma hora, não consigo que fale bem de nada nem de ninguém. Pergunto por sua casa de praia – sua filha me contará que é um lugar bonito e muito agradável – e diz que acumula muita poeira durante o ano e que já não gosta de ir para lá no verão.

Quando pergunto por sua filha, a que seria mãe, me diz:

– Que não conte comigo para ajudá-la quando a criança nascer. Eu já lhe disse que ainda é muito jovem para ter filhos.

A filha que a acompanha me confirma que esteve deprimida de verdade – chorava a qualquer hora e passava dias na cama –, mas o que agora se destaca em seu comportamento são as queixas constantes.

Explico a Emília a importância de voltar a olhar sua realidade com outros olhos. Contempla-me, surpresa. Afirma sem titubear:

– Sou completamente objetiva.

Insisto que a felicidade depende da interpretação que a pessoa faz da sua realidade. Traço seu quadro de personalidade e crenças e lhe explico que assumiu um papel no qual a crítica e o julgamento reinam sem parar. É incapaz de visualizar coisas boas ou de olhar seu entorno com espanto, compaixão e delicadeza.

Começamos uma terapia que durou dez meses. Ajudei-a a superar as feridas do passado, a não odiar tanto o presente e a ser capaz de ter esperança no futuro. Não foi fácil, mas hoje tem consciência de que seu problema estava em como interpretava sua realidade. Sua capacidade de atenção, como ela mesma definiu, "estava infectada".

O otimista olha as pessoas nos olhos, fala de coração para coração; o pessimista olha para o chão, encolhe os ombros e se esquece de se comunicar com o coração.

Fixe sua atenção. Procure se concentrar.

O filósofo espanhol por excelência, José Ortega y Gasset, possuía uma das mentes pensantes mais importantes dos últimos tempos. O autor da frase "eu sou eu e minha circunstância" tinha sérios problemas para se concentrar devido à quantidade de ideias que se acumulavam em sua cabeça. Para atingir o estado mental requerido para escrever, precisava de "ensimesmamento", através do qual se abstraía do mundo exterior. Passeava pelo imenso corredor vazio de sua casa quase às escuras. Quando conseguia colocar seus pensamentos em ordem, se sentava à sua mesa de trabalho para plasmar suas ideias com um pano preto na parede à altura de seus olhos. Assim se mantinha inspirado, como na situação do corredor.

Que técnica você usa quando precisa se concentrar de verdade?

> Levante o olhar, solte o celular, contemple com novos olhos e com seu coração esperançoso de que algo pode surpreendê-lo!

Hoje em dia o Sistema Reticular Ativador Ascendente (SRAA) está bloqueado. Um dos principais motivos é a tela. É muito difícil prestar atenção nas "coisas boas" que surgem ao nosso lado. Dominar a atenção é fundamental. É necessário aprender a desviar os estímulos que chegam sem parar a todos os sentidos e prestar atenção no que realmente vale a pena.

NEUROPLASTICIDADE E ATENÇÃO

A neuroplasticidade se encarrega de "rebobinar" as conexões neuronais, desde o estabelecimento de novas conexões entre as células até os fenômenos de adaptação do cérebro às mudanças, circunstâncias e desafios.

Diversos fatores, como o estresse, as doenças, a genética, as infecções, os traumas, os acidentes, influem de forma negativa em tal capacidade. Quando você ativa seu SRAA, alguns neurônios se conectam e permitem que, diante da multidão de estímulos, você seja capaz de captar o que é mais importante e necessário.

> Esculpimos em tempo real o cérebro conforme aquilo a que atendemos e prestamos atenção.

Os neurônios trabalham em nossa mente conforme o foco de nossa atenção. Quando não somos capazes de controlar o foco de nossa atenção, quando não conseguimos nos concentrar de forma adequada, a eficiência de nosso processo de tomada de decisões se vê gravemente afetada. A boa notícia é que podemos "desmontar" os automatismos mentais que nos distorcem para redirecionar a atenção ao que realmente queremos. A atenção é um ato de vontade e, portanto, pode ser adestrada.

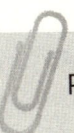

> Para dominar a vontade é preciso que sejamos mestres da nossa atenção.

Agora comece a...

- ✓ Treinar sua atenção; tente se fixar nas coisas positivas do seu entorno.

- ✓ Saborear o momento presente. Digo saborear porque às vezes nos habituamos com as sensações (provenientes dos sentidos) e não lhes damos atenção. Se estiver comendo uma laranja, uma banana ou uma fatia de presunto, desfrute. Esforce-se para sentir seu cheiro, textura e sabor. Em um parque, atreva-se a fechar os olhos e enfocar seus sentidos de audição e olfato. Com a música, que não seja apenas para distraí-lo, não a ouça, escute-a.

- ✓ Decidir. Tome as rédeas da sua vida. Observe alguma coisa valiosa, objetivamente boa, de seu entorno, e, durante um minuto, repita coisas positivas sobre ela. Você se surpreenderá. Tente fazer isso com pessoas, com acontecimentos, com circunstâncias... Há muita coisa boa que você não percebe porque essa zona de sua mente está bloqueada. Não esqueça que a mente e seu corpo estão profundamente unidos.

✓ A medicação ajuda, mas não é a única solução para seus problemas. O impele a melhorar, mas você precisa trabalhar sua mente para não ter uma recaída.

CAPÍTULO 6

AS EMOÇÕES E SUA REPERCUSSÃO NA SAÚDE

O QUE SÃO AS EMOÇÕES?

São estados afetivos de maior ou menor intensidade, a resposta que o corpo oferece às circunstâncias de vida, aos eventos de nosso dia a dia, à nossa subjetividade, que mostram a maneira de ser e expressam a forma como nos sentimos.

Alguns fatos semelhantes podem originar emoções diferentes, as quais dão cor e sabor aos acontecimentos de nossas vidas. Mas as emoções também estão relacionadas à saúde física e mental. Por exemplo, quando digo "me sinto bem" experimento bem-estar e paz; e se, pelo contrário, digo que "me sinto só", experimento solidão.

A PSICOLOGIA POSITIVA

O termo psicologia positiva foi cunhado, em 1998, pelo psicólogo norte-americano Martin Seligman. Existem duas formas de responder aos eventos: são as emoções positivas ou negativas. Conforme a que domine e controle, se sentirá de uma ou outra maneira. Sejamos mais profundos. As mais estudadas ao longo da história têm sido as emoções negativas – a dor, a angústia, a ansiedade, a raiva, a solidão... Nos últimos anos, a partir da ciência, cada vez se indaga mais sobre as emoções positivas, especialmente depois do recente surgimento da psicologia positiva.

Outro cientista interessante é Richard J. Davidson, doutor em Neuropsicologia, fundador e presidente do Centro de Pesquisa de Mentes Saudáveis da Universidade de Wisconsin-Madison. Lá, ele investiga emoções, condutas e qualidades positivas do ser humano, como são a amabilidade, o afeto, a compaixão e o amor. Deu início a tudo isso depois de conhecer, em 1992, o Dalai-lama, que lhe fez uma pergunta:

– Você nunca pensou em indagar, em seus estudos, sobre a mente na amabilidade, na ternura ou na compaixão?

Desde então pesquisa sobre as emoções positivas do ser humano. Seu lema é: "a base do cérebro saudável é a bondade".

UM ESTUDO COM PARTICIPANTES SURPREENDENTES

Os doutores David Snowdon e Deborah D. Danner levaram a cabo um estudo com 180 freiras católicas norte-americanas que haviam escrito notas autobiográficas quando tinham uma idade média de 22 anos. Essas freiras foram analisadas sessenta anos depois. Os pesquisadores encontraram uma correlação entre as emoções positivas vertidas nessas notas autobiográficas e a longevidade: 90% das que haviam quantificado um maior número de emoções positivas continuavam vivas aos 85 cinco anos, e isto só se repetia com 34% das que haviam mostrado menos emoções positivas. Em uma avaliação posterior, 54% das que mais emoções positivas sentiram continuavam vivas aos 94 anos, enquanto do grupo com menos emoções positivas só sobreviviam 11%. Também descobriram que as freiras que expressavam mais pensamentos e tinham uma maior riqueza vocabular tinham uma menor possibilidade de desenvolver algum tipo de demência senil depois dos 85 anos, idade em que o risco do Alzheimer está em torno de 50%.

A pesquisa continuou mesmo depois da morte daquelas que participaram do estudo, já que a grande maioria concordou em doar seus cérebros para que pudessem ser analisados posteriormente. Nesse sentido, a maior descoberta foi que não havia uma relação clara entre patologia e sintomas, ou seja, que freiras cujos cérebros apresentavam danos graves haviam mostrado um bom estado de saúde física e mental e, ao contrário, foram encontrados tecidos intactos nas freiras que mostraram claros sintomas de algum tipo de demência senil. Também se descobriu que os cérebros mais saudáveis eram os das freiras que viveram mais de cem anos.

É curioso saber que o professor Snowdon começou sua pesquisa de forma completamente casual. Foi a um convento para saber como eram os hábitos alimentares da comunidade religiosa e seus efeitos no envelhecimento. E ali se surpreendeu ao se dar conta de que era um grupo de estudo interessante, com características idôneas para ser estudado – com níveis de estresse baixo, sem tabaco nem álcool... Nesse lugar chegaram a viver sete freiras com mais de 100 anos: eram chamadas de "as sete magníficas". O estudo recebeu uma subvenção oficial de cerca de 5 milhões de euros devido ao interesse que suscitou.

> Chegamos a uma conclusão muito interessante: a senilidade e o envelhecimento mental não parecem inevitáveis, mesmo que sejamos muito velhos. A chave parece residir nas emoções positivas.

AS PRINCIPAIS EMOÇÕES

Múltiplos autores se aprofundaram nessa questão, matizando as emoções e as estudando em diferentes países e sociedades para chegar a um acordo. O psicólogo norte-americano Paul Ekman – que foi consultor do filme *Divertida mente*, da Pixar – estudou a fundo as emoções e a maneira como demonstramos aquilo que estamos sentindo: a expressão facial ou corporal que provocam. Por que quando estamos tristes encolhemos os ombros? Por que gesticulamos de maneira diferente ao sentir nojo ou medo?

Paul Ekman criou o que se conhece como Sistema de Codificação Facial de Ações (FACS, na sigla em inglês), uma taxonomia que mede os movimentos dos 42 músculos do rosto, assim como os da cabeça e dos olhos. Desta forma estabeleceu, em 1972, que havia seis expressões faciais universais que relacionou com as que, para ele, são as seis emoções básicas ou primárias: ira, repulsa, medo, alegria, tristeza e surpresa.

AS MOLÉCULAS DA EMOÇÃO

Entramos em um campo apaixonante. A neurocientista norte-americana Candace B. Pert, falecida em 2013, diretora do NIMH (Instituto Nacional de Saúde Mental dos Estados Unidos) e autora do best-seller *Molecules of Emotion* (*As moléculas da emoção*) sobre o efeito destas na saúde, provocou uma verdadeira revolução com seus estudos sobre a conexão entre a mente e o corpo. Foi ela quem descobriu o receptor opioide.

Passemos a explicar de forma simples sua descoberta. Os receptores opioides estão na superfície da membrana celular e se unem de forma seletiva a moléculas específicas – tipo chave-fechadura. Essas moléculas que chegam aos receptores são os denominados neuropeptídios. Estes últimos são os substratos básicos da emoção.

O interessante é que cada emoção ativa a produção desses neuropeptídios. Quando o receptor da membrana recebe essa molécula – neuropeptídio – da emoção, transmite uma mensagem ao interior. Essa mensagem tem a capacidade de alterar a frequência e a bioquímica celular, afetando seu comportamento.

A que nos referimos quando falamos de comportamento celular? Desde a geração de novas proteínas ou da divisão celular à abertura ou fechamento de canais iônicos, ou, inclusive, a modificação da expressão epigenética – genes! Ou seja, esses neuropeptídios agem como mecanismos que alteram a nossa fisiologia, comportamento e inclusive a genética. Parte da "história" de uma célula deriva dos sinais que os neuropeptídios da emoção enviam à membrana.

De acordo com palavras da própria doutora Pert, "os neurotransmissores chamados peptídeos transportam mensagens emocionais. À medida que alteram nossos sentimentos, essa mistura de peptídeos viaja por todo o corpo e o cérebro. Literalmente estão modificando a química de cada célula do corpo".

Devido a essas e outras descobertas, ela é considerada a fundadora do que hoje é chamado de psiconeuroimunologia.

A doença está, portanto, associada de forma ineludível às emoções. Quando uma emoção se expressa, o organismo responde. Quando uma emoção é negada ou reprimida, esta fica presa, prejudicando seriamente o indivíduo. Como diz Pert, toda emoção tem um reflexo bioquímico dentro do corpo.

QUEM ENGOLE AS EMOÇÕES SE ENGASGA

Como diz um provérbio espanhol, "quem muito engole acaba engasgado". Ao longo destas páginas, fomos descobrindo a importância que os pensamentos e emoções têm em nossa saúde e comportamento. Vejamos um exemplo concreto:

Quando alguém me diz que estou "horrivelmente vestida", posso reagir de diferentes formas.

- ✓ Respondendo: "Você que é horrível".

- ✓ Engolindo toda a emoção, ficando ressentida, triste e pensando: *Por que me disse isso? Não sou tão horrível... O que tem contra mim? Deveria ter me vestido de outra maneira?*

- ✓ Bloquear e anular o acontecido, não pensar nele, ignorá-lo.

- ✓ Responder algo do tipo: "Eu gosto, sempre tive gostos originais e diferentes".

Cada resposta tem um impacto diferente no corpo, em cada célula e, claro, na mente. No primeiro caso, quando respondo de forma impulsiva, direta e até um pouco agressiva, talvez meu organismo não se altere, mas acabo perdendo amigos, rompendo ou dificultando muito as relações pessoais. A segunda e a terceira me adoecem. Estou silenciando e bloqueando emoções negativas, e isso tem repercussão na minha saúde física e psicológica. Freud o explicava desta maneira: "As emoções reprimidas nunca morrem. Estão enterradas vivas e virão à luz da pior maneira". A última resposta é a mais saudável. Nem sempre é possível agir e responder da melhor maneira possível. Às vezes a própria personalidade ou as circunstâncias nos levam a agir de forma inesperada ou inadequada, e só teremos consciência disso tempos depois.

Vivemos em uma sociedade que nos incita a bloquear e anular as emoções. Isso porque parece que sentir ou se emocionar é um sinal de debilidade ou falta de força. Às vezes até mesmo parece que é inadequado ou pouco apropriado expressar o que se sente, sobretudo se a pessoa tem um componente emotivo.

Aqueles que se dedicam ao mundo da mente e das emoções sabem que reprimir uma emoção equivale a não aceitá-la. Ficam encaixadas e incrustadas no subconsciente. O lógico é que aflorem de uma ou outra forma em outro momento de nossa vida, perturbando, então, profundamente nosso equilíbrio. Um exemplo claro são as depressões que acontecem na gravidez ou no puerpério, momentos de grande vulnerabilidade da mulher.

Se a pessoa guarda o que sente por medo do que os outros podem pensar, por temer parecer ridícula ou por incapacidade de se expressar, isso termina causando danos. As emoções se acumulam e nos prejudicam; são como sombras que perturbam nosso corpo e nossa mente.

APRENDA A EXPRESSAR SUAS EMOÇÕES

Quando uma pessoa não é capaz de fazê-lo, às vezes espera que o outro perceba o dano cometido. A realidade é que, na maioria das vezes, aqueles que julgam, criticam ou ferem não o fazem por maldade. Inclusive ignoram o dano que provocam aos outros. Existem aqueles que têm prazer ofendendo e insultando, mas não são muitos. Nestes casos falamos, por exemplo, de indivíduos com severos transtornos de personalidade. Aquele que é afetado por um transtorno antissocial, comumente chamado de psicopata, tem prazer em fazer mal aos outros e o faz com a intenção de ferir.

Por outro lado, existem pessoas com alta sensibilidade e vulnerabilidade aos comentários e atos alheios. Possuem uma pele psicológica excessivamente fina e é preciso tratá-las com cuidado porque se sentem ofendidas com extrema facilidade.

O CASO DE BEATRIZ E LUÍS

Beatriz e Luís estão casados há seis anos. Têm três filhos pequenos, o mais velho de 3 anos e dois gêmeos de 1 ano. Luís é um arquiteto que durante muitos anos trabalhou e viajou bastante, mas depois da crise econômica tem sofrido de forma considerável; mudou de trabalho e agora aceita projetos como *freelancer* para aumentar sua renda. Luís é direto, impulsivo, rápido e eficiente, perfeccionista: presta atenção nos detalhes e quer que tudo esteja perfeito. Vê as coisas com clareza e vive exprimindo o que sente. Beatriz é decoradora – se conheceram em um projeto de reforma de um edifício de interesse cultural no norte da Espanha e pouco depois começaram a namorar e se casaram. Ela é a mais velha de quatro irmãs. Tem uma relação muito próxima com suas irmãs e com sua mãe. Sempre foi muito sensível. Seu pai esteve doente durante muitos anos por um problema renal e ela sempre ajudou sua mãe em tudo. Tende a "engolir" tudo de ruim que acontece para não preocupar muito ninguém.

Beatriz vem ao meu consultório porque já há alguns meses vive triste, apática e sem forças. Relaciona isso ao nascimento dos gêmeos, mas eles já completaram 1 ano e ela continua sem levantar a cabeça. Não consegue ter prazer em nada e em alguns momentos do dia, quando Luís está trabalhando, se tranca em seu quarto e começa a chorar. Tenta disfarçar diante dos filhos.

Quando o marido volta para casa, cansado e ligeiramente irritado – está mais difícil ganhar dinheiro –, vê brinquedos espelhados pelo chão, a casa bagunçada e as crianças chorando. Então exige, aos gritos, que tudo fique em ordem rapidamente e que os meninos jantem depressa e não façam barulho porque quer ver as notícias na televisão da sala sem que nada o incomode.

> Beatriz, calada, não diz nada, organiza, limpa, prepara o jantar... E quando os meninos já estão deitados, só quer chorar. Luís não percebe, está no seu mundo, com suas preocupações, e Beatriz não lhe diz nada. Nada, porque não sabe dizer, não sabe se expressar.

Na nossa primeira consulta, Beatriz me diz que há alguns dias foi diagnosticada com síndrome do intestino irritável[18]. Entrevisto-a longamente e ela me conta sua história familiar. Reconhece que nunca soube enfrentar seu marido, nem ninguém próximo, para evitar conflitos. Prefere a harmonia aparente a replicar ou dizer que está insatisfeita com alguma coisa. Nos últimos tempos, tem tido vertigens e enjoos, além da sintomatologia digestiva. Psicologicamente admite não ter prazer em nada, tem falhas de memória e dificuldade de se concentrar.

Quando converso com seu marido, Luís diz que não entende o que pode tê-la levado a essa situação. Explica que sua mulher é uma pessoa de grande coração e que jamais se aborrece. Reconhece que ele tem um caráter explosivo, mas que sua mulher "o entende muito bem". Explico a cada um em separado, em forma de esquema, como funcionam sua mente, suas emoções e seus comportamentos depois de estímulos externos: a Beatriz, sobre os gritos e impaciências de Luís, e a ele sobre as frustrações financeiras e profissionais. Mostro-lhes o esquema da personalidade do outro para que se entendam e lhes dou conselhos muito concretos para melhorar a relação.

Depois de alguns meses de terapia, Beatriz está melhor. Receito-lhe um remédio antidepressivo, que a ajuda a regular os sintomas físicos. E a Luís um estabilizador do ânimo para bloquear os momentos de impulsividade. Depois da psicoterapia, a relação melhora de forma significativa. Cada um entende melhor como o outro funciona, mas, sobretudo, aprendem a administrar suas emoções de forma mais saudável.

---

18 A síndrome do intestino irritável (SII) se caracteriza por dores abdominais e mudanças no ritmo intestinal. Não se conhece exatamente seu mecanismo, embora se saiba que tem um importante componente emocional-psicológico. O intestino está conectado com o cérebro de várias maneiras através de processos neurológicos e hormonais. Diante do estresse, das preocupações ou da tristeza, estes receptores se tornam mais sensíveis, piorando a sintomatologia. É mais frequente em mulheres. É diagnosticado quando a pessoa tem a sintomatologia três dias por mês durante três meses ou mais. Consiste em dor abdominal, sensação de inchaço e distensão, gases e mudanças dos ritmos - tanto diarreia como prisão de ventre. (N. A.)

Portanto... Se não expressamos como nos sentimos, existe uma grande possibilidade de que a pessoa que está na nossa frente não tenha consciência do mal que nos faz. As mulheres, em geral, são mais sensíveis que os homens e ao evitar as discussões sofrem mais, com o agravante de que em muitos casos seus maridos – por falta de tempo, atenção, aptidão ou todas elas – não sabem ler os sinais sutis com que às vezes tentam se comunicar. Os homens costumam ser menos emotivos e mais práticos. Na cultura de hoje, a mulher tem mais capacidade de ensinar a amar, de sentir e expressar do que o homem. Logicamente, como em tudo, existem exceções à regra, mas esta costuma ser a dinâmica que vejo em meu consultório.

Não digo que seja bom dizer a primeira coisa que nos passe pela cabeça ou sintamos, mas tampouco é saudável evitar qualquer conversa com quem convivemos sobre algo que está nos prejudicando. O importante é alcançar o equilíbrio entre as situações nas quais é necessário se expressar emocionalmente, e aquelas outras em que é melhor se calar para preservar nossa paz interior e a harmonia exterior.

O QUE ACONTECE COM AS EMOÇÕES REPRIMIDAS?

Dizíamos que voltam pela porta dos fundos em algum momento na forma de doenças físicas ou psicológicas. Consideramos pessoas "neuróticas" aquelas que, não tendo sido capazes de administrar suas emoções de forma saudável, ficam presas ao passado. São esmagadas por eventos, pensamentos ou sentimentos não superados ou mal digeridos, e isso transforma seu caráter em algo enfermiço e desgastante.

Já vimos como as emoções positivas favorecem a longevidade, previnem o surgimento de enfermidades ou contribuem para a cura. As emoções negativas, por outro lado, podem facilitar o aparecimento de doenças.

O CASO DE EMILIO

Um dia Emilio vai ao meu consultório se informar sobre o diagnóstico e tratamento de sua filha de 14 anos, que está em terapia há vários meses por *bullying*, que derivou em problemas anímicos e alterações de comportamento.

Evita ir às sessões com sua mulher porque não acredita que sua filha precise de terapia e acha todas as coisas relacionadas com a psicologia absurdas e inúteis. Cumprimenta-me friamente e se senta. Nestes casos tento conversar sobre assuntos triviais até que percebo que foi criado um ambiente cordial. Em alguns minutos começo a falar de sua filha e do quanto ela o admira e ama. De repente, noto que sua voz falha ligeiramente e muda de assunto.

– Você se emocionou?

– Não gosto de me emocionar nem de sentir nada com intensidade. São sinais de debilidade e os sentimentais não vão longe na vida.

– Ah! É um grande equívoco. Sentimentalismo e emotividade não são a mesma coisa.

Depois desse dia começo uma terapia muito interessante com Emilio. Mergulhamos em sua história de vida. Provém de uma família endinheirada. Seu pai é americano e a mãe, espanhola. Sua mãe é fria, pouco emotiva e nunca permitiu expressões de afeto no ambiente familiar. Em sua casa nunca percebeu um gesto afetivo de seus pais, um abraço, um carinho e nem um "eu te amo".

Quando pequeno, tinha um vizinho com quem conversava muito, mas mudou de cidade e não voltou a confiar plenamente em ninguém. Curiosamente, no dia em que fala desse vizinho, que não vê há mais de trinta anos, se emociona e chora. Já lhe expliquei que o consultório é um lugar apropriado para chorar. Ninguém o julga, ninguém o critica. As lágrimas são uma fonte poderosa de liberação da angústia.

O QUE O CHORO PRODUZ?

Não esqueçamos que a única espécie que chora por motivos emocionais é o ser humano. Quando alguém observa outra pessoa chorar, é frequente que se ativem no interior do observador emoções ou condutas sociais que o levem a estabelecer empatia com o observado. Portanto, cabe pensar que em algum momento da história, durante a evolução do *Homo sapiens*, as lágrimas se transformaram em uma forma de expressão do estado emocional da mente.

O corpo produz, em média, mais de 100 litros de lágrimas por ano. Se pensarmos em todas as pessoas que não recordam a última vez que choraram, existem, para compensar, outras que choram litros e litros de lágrimas.

Existem três tipos de lágrimas: as basais – servem para manter a hidratação dos olhos –, as protetoras – brotam diante de agressões físicas, partículas de poeira, gases... – e as emocionais.

O pranto do tipo emocional é ativado quando o organismo percebe um estado de alerta – tristeza, angústia, perigo – e envia as lágrimas aos olhos como reação a isso. Da mesma maneira, o ritmo cardíaco aumenta e as bochechas ficam coradas.

OS BENEFÍCIOS DE UM BOM CHORORÔ

Em 2013 passaram a adotar no Japão uma terapia denominada rui-katsu, que significa "procurando lágrimas". O Japão é, por motivos culturais e históricos, um dos países do mundo com menos educação no campo afetivo. Não é permitido expressar emoções socialmente. Essa técnica ajuda os japoneses a liberar tensões, emoções reprimidas e a recuperar o equilíbrio.

Trata-se de uma terapia de grupo baseada no pranto. Evitam praticá-la a sós pela semelhança com estados depressivos em que a pessoa se fecha para chorar e se desafogar. O primeiro rui-katsu foi organizado por um velho pescador japonês, Hiroki Terai, em 2013.

> O processo é o seguinte: são projetados em uma sala, para um público de cerca de 20 ou 30 pessoas, vídeos, anúncios ou curtas-metragens com alta carga de emotividade até que se consegue que as pessoas comecem a chorar. A duração é de aproximadamente quarenta minutos. O resultado é que as pessoas saem dispostas, aliviadas, e com uma verdadeira melhora de seu estado de espírito.

O pesquisador William Frey estudou há alguns anos o componente bioquímico da lágrima depois de chorar de forma intensa por angústia ou tristeza excessiva. Encontrou níveis elevados de cortisol. Esta é a razão pela qual depois de um exercício a pessoa se sente mais leve. Descarrega tensões e desassossegos ao se desfazer de quantidades significativas de cortisol.

PRINCIPAIS SINTOMAS PSICOSSOMÁTICOS QUANDO BLOQUEAMOS AS EMOÇÕES

Quando as emoções se transformam em doenças físicas estamos diante do que é chamado de enfermidade psicossomática – *psique* 'mente', *soma* 'corpo'. Uma doença psicossomática é uma afecção que se origina na mente, mas desenvolve seus efeitos no corpo.

Quando um indivíduo passa por uma situação de vergonha ou de constrangimento, sua face se enrubesce. É um ato involuntário e não pode ser alterado de maneira consciente. Em uma discussão entre duas pessoas a pressão arterial pode se elevar. Antes de uma palestra, uma prova ou uma exposição, o sujeito pode sentir taquicardia e hiper-hidrose – sudoração excessiva.

As pessoas que sofrem de estresse crônico, ansiedade ou depressão em uma porcentagem alta padecem de sintomas físicos como enxaquecas, dores nas costas, contraturas, alterações gastrointestinais e outras manifestações, como vertigens, enjoos e formigamentos. O problema aparece quando a doença que se instala no corpo é de maior gravidade, desde gastrites com úlceras associadas que requerem intervenções cirúrgicas até enfermidades neurológicas ou oncológicas incapacitantes.

Os principais transtornos psicossomáticos são relacionados com o(s):

✓ Sistema nervoso: enxaquecas, dores de cabeça, vertigem, náuseas, formigamento (parestesias) e paralisia muscular.

✓ Sentidos: visão dupla, cegueira transitória e afonia.

✓ Sistema cardiovascular: taquicardias e palpitações.

✓ Sistema respiratório: aperto no peito e sensação de falta de ar.

✓ Sistema gastrointestinal: diarreia, prisão de ventre, refluxo, nó na garganta (globo faríngeo) e dificuldade para engolir.

Não devemos esquecer uma coisa essencial: muito antes de adoecer, o corpo foi nos enviando sinais de alerta na forma de incômodos, debilidade ou indisposições. Nestes casos, a enfermidade é uma mensagem que nos envia o corpo, que não para de se comunicar conosco, querendo atingir o equilíbrio e a paz.

Por vivermos na era da velocidade e das pressas, em que tudo acontece em um ritmo muito intenso, não nos conectamos com nosso interior e não sabemos ou não conseguimos dar voz aos sintomas que estão nos alertando de que alguma coisa não está funcionando.

Esses indicadores são fundamentais para evitar a ulterior enfermidade ou ao menos para frear o agravamento dos sintomas. O corpo tem uma dupla função: por um lado, ouve tudo o que nossa mente diz e, por outro, nos fala através das dores, mal-estares, inquietações psicológicas ou transtornos.

Costumo dizer que a ansiedade é a febre da mente e da alma, e nos avisa que o entorno é hostil ou que estamos submetendo nosso organismo a um excesso de atividades, emoções ou situações com as quais não consegue lidar. Portanto, esses processos de incômodos e dores – cada um conhece os seus! – nos pedem aos gritos que tomemos consciência do que está nos prejudicando, do que está representando uma ameaça ou de algo que é um excesso para o corpo e a mente.

> Ignorar os sinais é o primeiro passo
> para a debilidade e o desequilíbrio de nossa saúde.

Algumas moléstias podem ser resultado de péssimos hábitos, como a alimentação, a péssima higiene do sono, um excesso de sedentarismo ou posturas incorretas do corpo. Se formos capazes de fazer um bom exame de nossa vida, com honestidade, sem procurar uma perfeição que traga mais angústia do que paz, estaremos trilhando um bom caminho. É preciso se dar um tempo para analisar nossa vida, considerar o que estamos conseguindo: nossos objetivos e metas. Observar e sentir fisicamente nosso corpo, averiguar se está nos enviando algum sinal e vislumbrar quais podem ser as causas. Às vezes a ajuda de um profissional, de um médico ou de uma pessoa que conheça o corpo e a sua conexão com a mente pode ser um bom apoio.

A ciência tem dado exemplos claros de enfermidades relacionadas à emoção. Na dermatologia foi documentado que certas doenças cutâneas prevalecem em pacientes que experimentam ressentimento, frustração, ansiedade ou culpa. Na cardiologia foi demonstrado que os ataques cardíacos são mais comuns em pessoas agressivas, competitivas ou que desenvolveram uma cronopatia[19].

A gastroenterologia observou que há uma correlação entre as emoções e a ansiedade – antes de uma prova ou uma entrevista de trabalho, por exemplo – e as dores intestinais ou estomacais, como as úlceras pépticas. Mas, sem dúvida, são os oncologistas que estão se aprofundando mais no estudo da relação entre a mente e o corpo.

O psicólogo clínico norte-americano Lawrence LeShan analisou a vida de mais de 500 pacientes de câncer e descobriu uma relação muito importante entre a depressão e o surgimento do câncer. Muitas das pessoas que foram objetos do estudo se sentiam vencidas pela ruptura de relações estreitas e haviam procurado reprimir essas emoções. Tais

---

19 Esta questão é tratada mais profundamente no sétimo capítulo. (N. A.)

emoções reprimidas alteraram seu equilíbrio neuro-hormonal e foram contraproducentes para sua resposta imunológica. Trataremos do tema oncológico amplamente mais adiante.

O CASO DE TOMÁS

Recebo no meu consultório Tomás, um jovem de 16 anos. É o mais velho de três irmãos. Bom aluno, seu pai é arquiteto e sua mãe, dona de casa. Está há um ano e meio com problemas de visão. Tudo começou um dia na sala de aula, ao perceber que a lousa estava borrada. Avisou à professora e à tarde foi ao pronto-socorro com sua mãe. Aplicaram-lhe algumas gotas e o mandaram para casa. Ficou durante alguns dias um pouco melhor, mas um dia, no meio de uma aula, percebeu que não via nada. Procuraram outro especialista, para ter outra opinião. Foi avaliado, fizeram vários testes, mas continuava a piorar. O grau de sua miopia mudava a cada teste e não tinham clareza sobre as causas.

Depois de procurar muitos outros especialistas – entre eles vários neurologistas –, foram feitos um escaneamento e uma ressonância, mas os resultados foram completamente normais, e por isso foi encaminhado a um psiquiatra. Quando vejo Tomás em meu consultório, me surpreende a sua tranquilidade, apesar de não estar vendo. Nós, os psiquiatras, chamamos isso de "*la belle indifférence*". Ele diz que se acostumou a não ver e que não o preocupa. Entrevistei os pais e descobrimos na personalidade de Tomás alguns traços perfeccionistas e rígidos muito delineados. Exige muito dele mesmo, não se permite um erro, adianta o que lhe explicarão no colégio para avançar mais e procura sempre mais, quer "ver" além do que cabe à sua idade e maturidade. Seu corpo se detém de repente: para de ver. Fez terapia durante vários meses, e trabalhamos sua maneira de perceber e administrar suas emoções. Aos poucos recuperou a visão e não voltou a ter problemas.

Conhecemos muitos casos de pessoas que param de falar, de ver ou até de caminhar por razões emocionais. O corpo é sábio. Recordo que examinei em um de meus primeiros plantões uma mulher de 38 anos que havia parado de caminhar de repente no trabalho. Os traumatologistas e neurologistas descartaram a patologia orgânica. Foi encaminhada a um psiquiatra e, depois de várias sessões de terapia, recuperou a mobilidade de suas extremidades inferiores. Foi um dos detonantes de minha ânsia de me aprofundar nas relações entre a mente e o corpo.

A ATITUDE COMO FATOR-CHAVE DA SAÚDE

Ao longo destas páginas falamos da importância de nossos pensamentos para o estado de espírito, a interpretação da realidade e a saúde.

Uma atitude adequada e saudável pode ser a medicina natural mais poderosa ao nosso alcance, e talvez a menos levada em conta. Durante os seis anos em que estudei para me formar em Medicina não ouvi falar nada sobre esse tema. Apesar disso, nós, médicos, temos muita consciência da importância da atitude do paciente para o seu prognóstico. As informações clínicas manifestam que os sentimentos positivos e o apoio emocional de pessoas próximas – familiares, amigos e inclusive os profissionais de saúde envolvidos no tratamento – possuem um poder de cura inquestionável. Por outro lado, o que uma pessoa sente, percebe ou acredita pode ser tão relevante como a dieta e os hábitos na hora de enfrentar, por exemplo, uma doença coronariana.

Friedman e Rosenman estudaram 3.500 homens ao longo de dez anos. Primeiro dividiram os indivíduos em dois grupos: os do tipo A incluíam os de caráter mais rígido, impacientes ou cronopáticos; os do tipo B eram mais relaxados e tranquilos. Depois dessa classificação preliminar, pesquisaram a saúde dos sujeitos, se fumavam ou não, se faziam exercícios físicos e em que medida, mediram o nível de seu colesterol no sangue e analisaram sua dieta. Em seguida, esperaram para ver como evoluíam. Em dez anos, mais de 250 dos homens fisicamente saudáveis sofreram um ataque cardíaco. A constatação: os dados baseados em sua dieta e em sua atividade física não serviram para predizer os resultados. O único dado capaz de prever o que iria acontecer, o único dado com valor diagnóstico, foi a classificação prévia relacionada com sua disposição mental. Os indivíduos classificados na categoria A tiveram uma incidência de ataques cardíacos três vezes maior do que os do tipo B, independentemente do tabagismo, da dieta ou dos exercícios físicos.

E... O QUE ACONTECE COM O CÂNCER?

Parece ter algum tipo de relação com o estresse e as emoções. O processo não está claro, mas cada vez mais cientistas intuem que a emoção e o estresse podem ser fatores de risco para o desenvolvimento do câncer. Logicamente as doenças oncológicas possuem uma etiologia variada e complexa. Continuam sem existir estudos sérios que relacionem diretamente as emoções com o câncer, mas todos conhecemos alguém que sofreu enormemente na vida e um dia nos avisa, consternado, que foi diagnosticado com uma doença grave. E, no fundo, não nos sentimos surpresos... "Com tudo que sofreu!".

Em um trabalho dirigido pelo epidemiólogo David Batty e realizado pelo University College de Londres, a Universidade de Edimburgo e a Universidade de Sidney, foram analisadas 16 pesquisas levadas a cabo durante uma dezena de anos. Um total de 63.373 pessoas participaram do estudo desde o início e 4.353 faleceram de câncer. Procurava-se uma relação entre alguns tipos de câncer e o componente hormonal e os estilos de vida. Sabemos a esta altura que a depressão gera um desequilíbrio hormonal com elevados níveis de cortisol. Isto detém a correta reparação do DNA e inibe a adequada função do sistema imunológico. Os resultados do estudo mostraram que as pessoas com depressão e ansiedade possuíam uma incidência 80% maior de câncer de cólon e duas vezes maior de câncer de pâncreas e esôfago. É preciso ler os resultados com cuidado e não se deixar cegar por esse dado tão contundente; não esqueçamos um fator importante: as pessoas ansiosas e depressivas apresentam taxas elevadas de consumo de tabaco e álcool e de obesidade – três dos fatores mais presentes e estudados no câncer.

O câncer está relacionado com múltiplas causas – o ambiente, a alimentação, os hábitos tóxicos, a genética... –, mas o que se constata cada vez mais fortemente é que as emoções também têm o seu papel. Por isso, para que o tumor surja, têm de coexistir vários fatores.

O cortisol, do qual já falamos, é um hormônio que, mantido ao longo do tempo em níveis anormalmente altos, provoca processos inflamatórios prejudiciais às células do corpo. Em julho de 2017, o doutor Pere Gascón, chefe – há até pouco tempo – de Serviços do Hospital Clínic de Barcelona, reconheceu em uma entrevista que "o estresse emocional crônico pode iniciar o processo de câncer".

Este oncologista é um dos pesquisadores mais reconhecidos da relação do sistema nervoso-mental com o câncer. Vou tentar penetrar nessa teoria, explicando-a de forma simples. Para começar, não esqueçamos que todas as doenças oncológicas têm um processo muito complexo. Quero evitar qualquer reducionismo sobre um tema tão grave, mas creio que umas pinceladas simples podem ajudar a entender esse assunto para captar de forma global como o corpo reage a certos estímulos e a importância de nosso equilíbrio mental.

Como sabemos, o cortisol gera inflamação, liberando substâncias – prostaglandinas, citocinas... –, e é ativado por situações de estresse crônico. Por outro lado, os tumores são um conjunto de células malignas que se assentam e crescem em alguma região do corpo. No câncer, quando o tumor está instalado, o sistema imunológico – as defesas do corpo – para de atacar o tumor e se afasta dele.

Por exemplo, os macrófagos – um subtipo de glóbulo branco – são os que se encarregam de fagocitar o material estranho do corpo. Fazem parte da resposta inata do sistema de defesa do organismo. No caso do câncer, deixam de agir e "trabalham" para o tumor. Produz-se uma autoagressão do próprio sistema imunológico contra o corpo.

No corpo existem entre 5 bilhões e 200 trilhões de células, dependendo do ser humano – idade, sexo... O entorno da célula é o sangue. A composição deste é determinante para o destino das células. O que controla o sangue? Vimos isto em capítulos anteriores: o sistema neuro-hormonal é chave. Investigou-se um dado curioso: se levo a célula a um entorno tóxico, ela adoece; se a rodeio de um entorno saudável, se cura. Tanto o entorno das células como a informação que as membranas recebem têm um papel fundamental.

> Da mesma maneira que acontece com nossas células, se um indivíduo – conjunto de células e, claro, de algo mais! – frequenta um entorno tóxico, sejam pessoas, ambiente ou circunstâncias adversas, ele adoece.

Cuidado! Se, apesar de estar em um ambiente saudável, a mente o considerar um lugar ameaçador, ficará em estado de alerta e provocará as mesmas mudanças no corpo e na composição do sangue que se estivesse no entorno mais tóxico possível. Não esqueçamos: a mente e o corpo não distinguem o que é real do imaginário. Há pessoas que, apesar de terem um entorno e umas circunstâncias mais ou menos normais, vivem constantemente em estado de alerta. Essa gente, por um enfoque inadequado de sua situação, está forçando seu corpo, física e psicologicamente, a uma tensão perniciosa.

Se sou capaz de mudar a maneira como interpreto a realidade... a realidade muda. A felicidade depende da minha interpretação da realidade! É fundamental aceitar uma mudança em minhas crenças, sobre mim mesmo – sem me julgar com tanta dureza – ou sobre o que me cerca. É bom fomentar os pensamentos positivos ou inclusive recorrer ao efeito placebo se são capazes de agir sobre minha mente e meu corpo.

O QUE ACONTECE NAS METÁSTASES?

Agora vamos entrar em areias movediças. As metástases, processos de disseminação do tumor que determinam o prognóstico e a sobrevivência do doente, surgem, em muitas ocasiões, em lugares onde existe, basicamente, algum processo inflamatório crônico assintomático. Ou seja, o câncer se espalha, se desenvolve e progride em núcleos inflamados. É seu microambiente, a zona onde se sente "mais à vontade" para aumentar e se expandir. Nem todas as inflamações apresentam o mesmo risco de surgimento de um câncer. Um resfriado – inflamação da amígdala –, uma ruptura de ligamentos – com inflamação muscular – não são a mesma coisa. Um fumante, cada vez que fuma, danifica as células bronquiais, produzindo uma inflamação crônica nessa região. Essa inflamação surge para defender e salvaguardar a região; isto, a princípio, é uma coisa boa e saudável. Se o vício de fumar e a conseguinte inflamação se mantêm no tempo; se, além disso, essa pessoa tem antecedentes familiares oncológicos de pulmão; e se, por último, acrescentamos ao coquetel explosivo algum problema emocional sério, essa pessoa é uma séria candidata a contrair um câncer. Logicamente nem todos os fumantes adoecem de câncer, mas sabemos que o tabaco é um potente ativador dos processos oncológicos. Por isso se pergunta aos pacientes durante os exames médicos há quantos anos pararam de fumar. Ou seja, o tempo que concederam ao seu corpo para que se recuperasse dessa agressão constante a que o submeteu com todo o processo inflamatório que acontecia quando fumava.

Os estudos se amplificaram, com resultados assombrosos. Descobriu-se que existe uma relação direta entre as células cancerosas e o sistema nervoso. Ou seja, existem nas células tumorais receptores de substâncias relacionadas com o cérebro, como podem ser a adrenalina ou o cortisol. As emoções, os impactos estressantes fortes, alteram o corpo, mas também afetam as células do câncer. Produz-se uma comunicação direta entre o câncer e a mente – sistema nervoso e, portanto, sistema emocional.

Esta explicação não é destinada a alterar ou perturbar o leitor. Pelo contrário, serve para entender ainda mais a conexão profunda que existe entre as doenças mais graves e difíceis de controlar e a mente.

O câncer está profundamente vinculado ao sistema imunológico. As situações de estresse, preocupações, tristezas e traumas crônicos alteram as defesas e favorecem o possível desenvolvimento de uma doença grave. O reflexo desses estados emocionais tóxicos se encontra, em nível bioquímico e fisiológico, com estados inflamatórios latentes.

Em resumo, as emoções prejudiciais, como tais, não produzem câncer. No entanto, o estresse emocional crônico pode arrancar, ativar ou potencializar a difusão daquilo que origina o câncer. O que provoca o estresse emocional? Situações como a solidão, parentes doentes, má relação com o entorno, traumas não resolvidos, dores difíceis ou problemas emocionais e financeiros.

A capacidade de melhorar a administração de nossos pensamentos tem um enorme potencial de controlar o nível de inflamação do corpo.

ORIENTAÇÕES SIMPLES PARA ADMINISTRAR AS EMOÇÕES DE FORMA CORRETA

1. CONHEÇA A SI MESMO

Aprenda a entender o que o perturba. Quando alguém tem suas emoções bloqueadas desde sempre, é mais difícil se aprofundar na origem de certos problemas. De qualquer forma, tente, leia e procure pessoas que possam ajudá-lo. É imprescindível dar o primeiro passo.

2. IDENTIFIQUE SUAS EMOÇÕES

Dê um nome ao que sente. A raiva e o rancor ou a alegria e a emoção não são a mesma coisa. Ao fazê-lo, seja realista, não maximize emoções prejudiciais. Essa análise tem um impacto direto em seu corpo.

3. PROCURE SER ASSERTIVO

Diga o que pensa, sem ferir. Não silencie todas as suas emoções, fale com alguém que gere confiança em você. Aprenda a se expressar, mas cuidado ao fazê-lo para não abrir portas que seja incapaz de fechar. Vá aos poucos. O desabafo tem que lhe permitir recuperar a paz e o equilíbrio interior.

4. NÃO TENHA MEDO DE SE TRANSFORMAR EM SUA MELHOR VERSÃO

Aprenda a tirar o mais valioso de seu interior. Aquilo que anula suas emoções acaba sendo uma versão piorada de você mesmo, uma versão descafeinada, sem capacidade de ter esperança em nada.

5. IMPONHA LIMITES AO EFEITO QUE OS OUTROS EXERCEM SOBRE VOCÊ

Aprenda a identificar as pessoas tóxicas que têm a capacidade de perturbá-lo profundamente em qualquer momento. Não é possível que todo mundo altere seu equilíbrio interior, e você precisa tentar se manter longe daqueles que o façam.

Todos nós atravessamos momentos em que experimentamos desgosto ou desamparo, nos sentimos ansiosos, desanimados, frustrados ou ressentidos. Essa experiência ocasional de emoções negativas é saudável: nos avisa sobre o que não vai bem em nosso entorno e nos motiva a pôr as mãos à obra e mudá-lo com o objetivo de restaurar o equilíbrio, tanto nos aspectos psíquicos como nos físicos.

O problema surge quando as emoções negativas se tornam crônicas, alterando de maneira permanente nosso estado de ânimo.

> A maneira como pensamos e sentimos condiciona a nossa qualidade e quantidade de vida.

OS TELÔMEROS

Os telômeros, descobertos pelo biólogo e geneticista norte-americano Hermann Joseph Muller nos anos 1930, são as extremidades dos cromossomos. Sua principal função é dotar os cromossomos de estabilidade estrutural, impedindo que fiquem emaranhados e grudados uns aos outros, sendo fundamental na divisão celular. Por tudo isso estão muito relacionados ao câncer – não esqueçamos que as enfermidades oncológicas pressupõem uma divisão anormal das células.

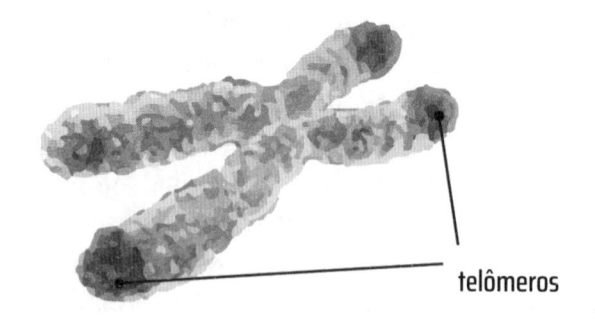

telômeros

Os telômeros são os relógios das células, já que estabelecem o número de vezes que uma célula pode se dividir antes de morrer; são o cronômetro do envelhecimento celular.

A bioquímica norte-americana de origem australiana Elizabeth Blackburn, nascida em 1948 na Tasmânia, depois de se doutorar em Biologia Molecular na Universidade de Cambridge em 1975, começou a estudar os telômeros dos cromossomos, primeiro na Universidade Yale e mais tarde na Universidade da Califórnia, em Berkeley.

Estudando os telômeros, Elizabeth Blackburn descobriu, em 1984, uma nova enzima, a telomerase. Começou a criar telômeros artificiais com o objetivo de estudar a divisão celular. Descobriu que quanto menor era o nível de telomerase, menor era o tamanho dos telômeros e, portanto, diminuía o número de divisões possíveis de uma célula – com um maior risco de enfermidades e envelhecimento.

Os hábitos negativos impactam a longitude do telômero. Estamos falando sobre estresse, alimentação, obesidade, sedentarismo, contaminação e inclusive dos problemas de sono.

Blackburn estudou a telomerase em um grupo específico: mãe de filhos com doenças neurológicas severas. Observou que aquelas que se sentiam sozinhas apresentavam níveis mais baixos de telomerase com a consequente diminuição do telômero. Sua expectativa de vida era muito menor do que o habitual em mulheres de sua mesma idade. Também observou algo fascinante: aquelas mulheres que compartilhavam entre si suas emoções e se apoiavam e compreendiam mutuamente experimentavam um maior nível de telomerase e um conseguinte alargamento dos telômeros. Por seus trabalhos na descrição da telomerase recebeu, em 2009, o Prêmio Nobel de Medicina, dividido com seus colaboradores Carol W. Greider e Jack W. Szostak.

Como vimos no estudo de Robert Waldinger[20], a solidão é um fator de risco não apenas para a depressão, mas para envelhecer com telômeros mais curtos e, portanto, de forma menos saudável!

Como segregar a telomerase e alongar os telômeros? Atualmente estão sendo levados a cabo os primeiros estudos sobre como estimular a secreção de telomerase para conseguir alongar os telômeros. É conhecido o efeito positivo dos exercícios, da alimentação e do *mindfulness* (atenção). Em 2017 iniciei, com um dos laboratórios mais importantes do mundo,

---

20 Segundo capítulo, sobre a felicidade e o amor apelo próximo. (N. A.)

um estudo sobre a influência do estado de ânimo e das emoções nos níveis de telomerase e a medição de telômeros. O objetivo é confirmar que o cortisol, elevado de forma crônica, inibe os níveis de telomerase e que a ansiedade encurta os telômeros. Tenho confiança de que chegaremos a resultados interessantes, que publicarei quando concluir o estudo.

CAPÍTULO 7

QUE COISAS OU ATITUDES AUMENTAM O CORTISOL

Existe uma infinidade de situações que nos perturbam e prejudicam, alterando os níveis normais de cortisol. Estamos imersos em uma sociedade que trabalha, produz notícias e tendências, viaja, se diverte e descansa em um ritmo frenético, tanto que às vezes não somos capazes de seguir esse ritmo e "pifamos". Existem alguns "mitos emocionais" – ser perfeito, perder o controle... – que têm um efeito mais nocivo para o organismo do que possamos imaginar.

Não esqueçamos uma coisa importante, o estresse crônico é danoso e prejudicial para o corpo e para a mente. Por sua vez, o eustresse – o estresse positivo – é ativado na presença de um desafio ou de uma ameaça. É ele que nos ajuda a agir e a procurar as melhores soluções. Todos conhecemos momentos nos quais, sob pressão, rendemos o dobro. Um exemplo clássico é o da véspera de uma prova. O cérebro, de repente, memoriza mais dados do que em todos os dias anteriores somados. Por quê? O cortisol em pequenas doses melhora a concentração e a capacidade de render de forma mais eficiente e ajuda a focar melhor a atenção para responder a um desafio. Mas não podemos estar sempre sob esse eustresse, porque acaba ficando tóxico e nos esgota e adoece.

Analisemos algumas circunstâncias que aumentam o cortisol de forma crônica.

O MEDO DE PERDER O CONTROLE

O CASO DE ALBERTO

Alberto é diretor de comunicação de uma multinacional e foi transferido para o México. Antes de ir, vem ao meu consultório porque se sente triste, mas não sabe o motivo. Como partirá dois dias depois, peço que me escreva de lá para ver se é ou não uma coisa passageira.

Estudando seu caso, descubro que é uma pessoa que controla extremamente sua vida, o que sente, o que expressa e o que mostra para os outros. Sua relação matrimonial mais parece uma relação profissional do que afetiva. Os dois são executivos, tanto no âmbito profissional como no emocional. Não quiseram ter filhos porque não encontraram um momento para isso, devido à intensidade do trabalho de ambos. Nunca são vistos para baixo, sempre exibem um sorriso quase perfeito. Alberto mantém um *status* de controle sobre si mesmo, nada o altera. Quando pergunto sobre a causa de sua tristeza, me responde:

– Nada. A tristeza é para os fracos.

Acrescento:

– E há alguma coisa que emocione você?

Responde:

– Talvez conversar com meu pai e passar um tempo com ele.

As respostas de Alberto são vagas quando se aprofunda nestas questões. Tenta manter um controle absoluto sobre si mesmo e sobre o que me transmite. Quando não está muito feliz, sorri. É sempre muito correto. Minhas palavras antes da despedida foram:

– Se você continuar assim, vai pifar, porque qualquer pessoa que vive se controlando em um dado momento acaba desmoronando.

Alguns meses mais tarde recebi um e-mail no qual comentava que estava bem e que pensava em passar as férias na Espanha. Pergunto se quer vir ao meu consultório quando estiver na Espanha, mas ele acha que não é necessário porque está estável.

Um dia, em julho, eu estava atendendo no meu consultório e a enfermeira me disse que Alberto estava querendo falar comigo pelo telefone e que se tratava de alguma coisa urgente. Interrompi a sessão e saí para falar com ele. Do outro lado da linha, Alberto, ofegando e nervoso, me disse, alterado, que alguma coisa estava acontecendo com ele:

– Estamos em Málaga, em plenas férias. Hoje de manhã, ao entrar em um táxi, comecei a passar mal, não conseguia respirar normalmente.

Teve que descer imediatamente do táxi, tonto, com vertigens, tremores, suores, sensação de perda de controle e uma angústia vital que não parava. Estava no meio de um ataque de pânico.

Sua mulher veio ao telefone porque ele não conseguia mais falar, e me pediu ajuda para resolver a situação. Apesar de suas reticências porque era apenas "algo psicológico", obriguei-a chamar uma ambulância para que o levasse o quanto antes a um pronto-socorro.

Já no hospital, a mulher voltou a ligar. Os médicos lhe indicaram um comprimido, mas ele se negava a tomá-lo. Ele, sempre tão correto e equilibrado, tem um medo atroz de que isso o faça perder o controle sobre si mesmo, tanto dos seus pensamentos como de seu comportamento. Tentei tranquilizá-lo, explicando que deveria aceitar a medicação para se regular e recuperar a paz, mas ele, fora de si, se negou categoricamente.

Depois de um tempo a mulher me disse que os médicos do pronto-socorro haviam acabado de lhe injetar um ansiolítico para que conseguisse relaxar. Quando lhe deram alta quis vir ao meu consultório para começar um tratamento integral.

Poucos dias depois Alberto, já em Madrid, vem ao meu consultório. Está ansioso, em estado de alerta, nervoso, em uma espiral permanente de angústia, praticamente sem conseguir sair, ir à rua... Começo uma terapia farmacológica com medicação endovenosa – benzodiazepinas de ação prolongada, que vão bloqueando o circuito do medo e da angústia. Explico-lhe exatamente o que aconteceu com ele e os mecanismos fisiológicos e emocionais que o levaram àquele estado. Recomendo uma "pílula de emergência" para o caso de voltar a ter um ataque de pânico, explicando que age em poucos minutos. Com esse comprimido pode viajar, ir a reuniões, com a "tranquilidade no bolso".

Seu grande medo é que a medicação o faça perder o controle de sua vida se não a tomar. Por isso, cada vez que ingere um comprimido eu escrevo em um bloco – e sua mulher também anota – frases que ele deve repetir para neutralizar essa antecipação negativa: "Não vai acontecer nada comigo", "não vou perder o controle nem minha identidade", "vou continuar sendo eu", "os efeitos dos comprimidos são estes", "ânimo", "não dê importância a sensações, evite analisá-las".

Depois de quinze dias está mais estável, ajustamos a medicação por via oral e começamos a psicoterapia. Com seu esquema de personalidade[21], lhe explico sua forma de ser e as causas aparentes de seu ataque de pânico. Explico como funciona o cortisol, o medo, e entramos em um campo apaixonante: a gestão de suas emoções. Se acha alguma coisa engraçada, pode rir; se algo o deixa triste, pode chorar; se está em uma situação emotiva, uma reunião com familiares ou amigos, pode se sentir feliz, e nada acontece.

Um dia me confessa no consultório:

– Você está me ajudando a forjar uma personalidade vulnerável; até agora eu bloqueava os sentimentos para me sentir forte, mas agora vou ter a capacidade de me emocionar, de sentir...

Para ele, tão frio e cerebral, se alguém se deixa levar pelas emoções é escravo delas, e o sofrimento, a dor ou a paixão podem bloquear a forma correta de tomar decisões.

Depois de um ano de tratamento, fomos, aos poucos, retirando a medicação; aprendeu a administrar os momentos de ansiedade elevada – sempre carrega seu "comprimido de emergência", que só usou três vezes em um ano – e, o mais importante, transformou-se em uma pessoa mais relaxada, mais humana e mais carinhosa.

O ser humano se sente forte quando controla e tem razão. Quanto custa à pessoa reconhecer que está equivocada! A mente manda. A mente ordena. A mente controla. Seguimos as diretrizes da razão, respondemos

---

21 Quarto capítulo, esquema da personalidade. (N. A.)

às questões unicamente a partir do cognitivo. Nos últimos anos a razão se transformou em um tirano. O desejo de controlar tudo gera uma grande angústia. Achamos que ter segurança sobre todos os aspectos da vida é uma fonte de felicidade. É completamente lógico e prudente procurar ter os pilares da vida assegurados e protegidos: um trabalho estável, uma vida familiar saudável, uma situação financeira folgada... O patológico, o doentio, está em levar isso ao extremo, angustiando-nos e amargurando nossa vida em prol de uma segurança absoluta inalcançável. Procurar constantemente apoios e sustentações materiais que reforcem nossa vida e não caiam e nunca possam falhar é uma utopia. Aí está o erro.

É próprio de nossa sociedade materialista e racionalista levar-nos a crer que podemos controlar tudo: o momento em que engravidamos, o sexo de um filho ou seu brilhantismo acadêmico, as receitas e despesas familiares, as férias ideais, a saúde própria ou de nossos familiares ou a festa perfeita. No entanto, a vida nos ensina que as dificuldades para engravidar existem e são cada vez mais frequentes; que às vezes conseguir ter um "casalzinho de filhos" é impossível ou que nosso rebento não tem a capacidade intelectual que gostaríamos que tivesse – mas talvez outras virtudes que, obcecados, não sabemos descobrir nele –, que a empresa à qual dedicamos nossa vida pode nos aposentar antecipadamente, que as receitas e despesas são sempre muito oscilantes, que é possível que quando formos esquiar uma nevasca feche as estradas de acesso ou os aeroportos, que chova na ilha paradisíaca apesar de não estarmos na época das chuvas, que por mais que pratiquemos um esporte cotidianamente, façamos uma dieta saudável e nos submetamos a exames médicos periodicamente, sempre há alguma coisa que pode ser ruim, ou que no dia em que organizarmos a festa ideal estejamos cansados, tristes ou saturados e preferíamos passear sozinhos pela montanha... A vida é rica por seus matizes, por ser incontrolável, e resistirá a qualquer tentativa de controle férreo por mais calculadores que sejamos, gerando em quem o tente uma grande angústia. Recordo aqui aquela frase que um escravizado repetia ao ouvido dos vitoriosos nas comemorações dos triunfos da antiga Roma: *Memento mori* (recorde que você é mortal). Não percamos de vista nossa própria pequenez, sejamos flexíveis, pratiquemos alguma coisa saudável e desfrutemos o aqui e agora...

> Essa busca constante pelo controle nos leva a não aproveitar as coisas boas que estão acontecendo conosco, a esquecer o momento presente "obcecando-nos" com o futuro.

Se esse controle significar dominar minhas emoções, meus estados de ânimo e o que transmito aos demais, isso tem um efeito nefasto porque, como vimos no sexto capítulo, "quem engole as emoções se engasga".

O CASO DE ANTONIO

Antonio é vice-presidente de uma empresa. Há algumas semanas está vivendo uma situação de muita tensão porque está em plena negociação para se associar a uma multinacional estrangeira. Um dia, o presidente o convoca para participar de uma reunião extraordinária do conselho de administração que trataria de um assunto importante. Antonio é muito dedicado, meticuloso em seu trabalho, extremamente organizado e constante. É tímido e tem dificuldade de se relacionar com as pessoas, tem que fazer um grande esforço para se soltar e só melhora socialmente quando está em situações de muita confiança.

Ao chegar à reunião, dá de cara com 30 pessoas ao redor da mesa. O presidente levanta a voz e diz:

– Há alguns dias descobriram que estou com câncer, é grave, mas vou lutar para vencê-lo. Preciso destinar toda minha energia e tempo à minha recuperação. Portanto, gostaria que, durante minha ausência, Antonio, o vice-presidente, dirigisse e coordenasse a fusão.

Antonio se levanta para dizer algumas palavras, mas sua voz não sai, está "afônico"! Mas se há alguns minutos falou com sua mulher pelo telefone! Explica, sussurrando – a primeira desculpa que lhe ocorre – que está saindo de uma pneumonia. Acrescenta que deseja o melhor para o presidente durante o tratamento e que conduzirá a empresa da melhor forma possível durante sua ausência.

Sai da reunião e liga para sua mulher; fala baixinho e decide procurar urgentemente um otorrino amigo seu. Começa a contar ao médico o que acontecera e poucos minutos depois recupera a voz, normalmente. Não entende nada. Passam-se alguns dias e, na primeira reunião com a alta diretoria, pede a palavra e – a mesma coisa! Não consegue falar. Quando vem ao meu consultório, tem dois medos: o primeiro, o de falar em público – já o tinha; mas acrescenta outro, o medo de ficar "mudo" diante de muita gente.

Comecei a terapia lhe explicando exatamente como relaxar antes de falar usando técnicas de respiração e repetindo uma série de mensagens que neutralizem seu medo. Desenho em seu bloco um esquema dos nervos que chegam às cordas vocais para que visualize o processo e se sinta confiante a respeito. Por outro lado, fizemos técnicas de socioterapia para superar seus medos e sua timidez diante de muita gente.

Durante o tratamento do câncer do presidente ele foi capaz de fundir a empresa com êxito e com um domínio de pessoas e de sua voz muito maior do que antes. Tudo isso o fez ganhar uma grande segurança em si mesmo.

A TERAPIA CONTRA OS MEDOS

Este tipo de terapia consiste em expor e confrontar o paciente com o problema que causa sua angústia ou medo irracional. É preciso ser feita aos poucos, para que o cérebro vá se adaptando e o paciente vá se sentindo seguro com os passos que vai dando.

No caso de Antonio, a terapia de exposição consistiu em que um dia nos falasse e expusesse a toda a equipe, sua mulher e mais algum convidado, em que consistia a empresa na qual trabalhava. Mais adiante o incentivamos a que em diferentes eventos – a primeira comunhão de um filho, o casamento de um primo... – dissesse em público algumas palavras emocionadas sobre eles.

Àqueles que sofrem de agorafobia costumamos recomendar que um indivíduo próximo, de confiança, acompanhe o paciente a um lugar aberto. Isto se repete mais adiante, deixando o paciente em um lugar combinado.

Tudo isso é associado a técnicas de respiração que são úteis e uma "mensageira interna" responsável por indicar o que a pessoa está fazendo. Aos poucos o cérebro vai se adaptando e o corpo para de transmitir sensações de sufoco e angústia.

COMO RESPIRAR

Quando, querendo ajudar, você diz a alguém que está nervoso "respire!", o lógico é que a pessoa pense: *Mas estou respirando!* É claro que quando pedimos a alguém que respire em um momento de angústia ou de ansiedade, estamos pedindo uma respiração mais profunda e consciente. Vamos analisá-lo.

Há muito tempo tem se falado muito de técnicas de relaxamento e existem diversos estudos a respeito. A maioria das pessoas acredita que meditar consiste unicamente em inspirar profundamente e espirar lentamente. Não estão de todo errados, mas vamos tentar aplicá-lo de forma mais eficaz e ordenada.

A primeira coisa a se fazer é encontrar um lugar confortável que não seja excessivamente barulhento. Pode-se associar uma luz suave – diminuindo as luzes, fechando as persianas e cortinas – e acrescentar um pouco de música relaxante.

Comecemos:

- ✓ Sente-se em uma cadeira com encosto reto, mas que seja confortável.

- ✓ Comece prestando atenção nas sensações corporais. Foque nos pés. Em um primeiro momento, experimente o peso de todo seu corpo. Sinta suas extremidades inferiores ancoradas no chão. E daí para cima, as pernas, os ombros, os braços... Permita que a paz vá penetrando em seu corpo enquanto desfruta desses instantes.

- ✓ Observe sua respiração; antes de começar a "dominá-la" e "exercitá-la", preste atenção nos suaves movimentos de seu abdome enquanto inspira e espira. Posteriormente passe à região do nariz enquanto o ar entra e sai.

- ✓ Depois desses primeiros momentos de observação e calma, vamos começar com a chamada respiração diafragmática. É mais eficaz devido ao fato de que se enche de ar a zona baixa dos pulmões para inspirar melhor o oxigênio.

- ✓ Coloque uma mão sobre seu peito e a outra sobre o ventre e fixe-se em qual se eleva durante a inspiração. No caso de se elevar a zona do ventre, você está fazendo as coisas corretamente.

- ✓ Puxe o ar profundamente pelo nariz, prenda durante alguns segundos e o solte pela boca de forma pausada.

Um dos métodos mais conhecidos é o desenhado pelo doutor Andrew Weil, diretor de Medicina Integral da Universidade do Arizona. Foi capa da revista *Time* em duas ocasiões e Oprah Winfrey o entrevistou para que expusesse sua teoria da respiração. Recomenda o 3-3-6 ou o 4-7-8, dependendo do número de segundos que o ar está em jogo. No caso do 4-7-8 seria desta maneira:

- ♡ A inspiração dura quatro segundos.

- ♡ A pausa, prendendo a respiração, sete segundos.

- ♡ A espiração deve durar oito segundos.

De fato, essa técnica realizada à noite, deitado na cama, é muito útil para regular o sono. Como tudo, é recomendável ir aos poucos, tentando algumas vezes por dia, e depois ir aumentando. Desta maneira o corpo, a respiração e os sistemas nervosos simpático e parassimpático vão aprendendo a se autorregular.

> Quando você se bloquear ou temer perder o controle, quando o estresse o invadir, sua cabeça se esgotar ou seu corpo não responder, respire, use o coração, repita para sua mente mensagens de paz e crescimento e sairá da espiral.

PERFECCIONISMO

O CASO DE LOLA

Lola é uma mulher de Salamanca, casada e mãe de dois filhos, um menino de 5 anos e uma menina de 7. É funcionária da prefeitura, mas, como fez estudos na área da educação, sempre quis ser professora universitária. Quando vem ao consultório está há três anos trabalhando em sua tese de doutorado. Admite que está quase terminada, mas que sempre que a revisa encontra aspectos para matizar.

Comenta que quando chega do trabalho não consegue relaxar, pois a casa está sempre suja. As pessoas que contrata para cuidar da limpeza e a ajudar com as crianças nunca ficam mais de duas ou três semanas, segundo ela porque não são suficientemente eficazes para realizar o trabalho exigido. No âmbito profissional, é muito exigente e nunca entrega a tempo as coisas que lhe pedem.

No consultório se queixa de muita ansiedade, estresse e repete em vários momentos que "não aguenta mais". Ultimamente tem tido dificuldade de dormir e se percebe irritável. Na sessão seguinte, seu marido aparece e comenta que para ele é exaustivo o assunto das empregadas, que sempre acaba monopolizando as conversas familiares.

– Minha mulher é obcecada por limpeza.

Explica como, ao chegar em casa, começa a examinar tudo, passando os dedos por cima dos móveis procurando poeira; verificando se a roupa passada não está amarrotada e se está organizada por cores e de uma determinada maneira. Nunca encontra nada que a agrade, o que geralmente gera uma grande tensão na casa, no casal e na família.

Como psiquiatra me surge então uma dúvida; esta pessoa teria algo além de uma simples ansiedade, algum tipo de transtorno obsessivo? Quando lhe pergunto, me diz que lava as mãos até vinte vezes por dia – quando toca na comida, quando paga com dinheiro... –, com água e sabonete quando está em casa ou com lenços umedecidos quando está na rua. É incapaz de se deitar com seu marido

> se ele não cheira como ela acha correto – ela exige que ele tome banho antes de ir para a cama e que use uma marca específica de desodorante. Quando mobiliou sua casa, pediu ao carpinteiro que os armários tivessem a medida exata das coisas que iam guardar e que suas caixas de roupas se encaixassem em cubículos feitos sob medida. Afirma que sua mãe e sua avó eram iguais. Eu lhe pergunto:
> – Quanto tempo leva para tomar banho?
> – Uns quarenta e cinco minutos.
> Gasta dois ou três frascos grandes de sabonete líquido por semana – ela sozinha –, porque precisa se sentir limpa.
> Digo que padece de um transtorno obsessivo compulsivo que a leva a um perfeccionismo atroz.

O perfeccionista é um eterno insatisfeito, está sempre sofrendo porque nada nunca está à altura de suas expectativas. Esse tipo de pessoa é excelente para detectar defeitos: se algo não está limpo ou organizado, se não é harmônico, se há manchas nas paredes, em um cristal ou no espelho. Lola é muito meticulosa em seu trabalho e, quando lhe pedem um informe sobre alguma coisa, investe até o último minuto confirmando e verificando se tudo está correto. O mesmo acontece com a tese, por isso sempre que a relê encontra falhas a corrigir e nunca consegue terminá-la. É uma sofredora nata e as pessoas em seu entorno vivem em estado de alerta com ela, porque sempre está analisando defeitos.

Um aspecto próprio dos perfeccionistas é a rigidez na hora de mudar de um pensamento para outro: pensam em uma coisa e não são mais capazes de sair dali, e isso vai gerando pensamentos em espiral dos quais é difícil sair. No caso de Lola, recomendamos uma medicação que funciona bem para esse tipo de transtorno. Por outro lado, na psicoterapia começamos a trabalhar com uma caderneta na qual fomos anotando os objetivos: desde a limpeza, a ordem e a forma de tratar seus filhos e seu marido até os pensamentos recorrentes que a bloqueiam.

Insisto muito que ela deve aprender a administrar os momentos de tensão, com mensagens cognitivas que ela deve se repetir nos momentos em que sentir necessidade de levar a cabo seus rituais de limpeza. "Não está acontecendo nada, você está bem, está limpa, lembre-se de que você tem um transtorno que a leva a lavar muito as mãos, porque, caso contrário, não consegue ficar tranquila, não vai acontecer nada se não lavar as mãos neste instante...". Em relação ao comportamento, recomendo brincar no parque com seu filho, sem precisar se limpar antes de voltar para casa.

Aos poucos, trabalhando desde o pensamento até a conduta, melhorou substancialmente.

O SISTEMA CINGULADO

Existe no cérebro uma zona encarregada pelas obsessões, compulsões e rigidez mental. É o giro cingulado. O doutor Daniel Amen compara essa região do cérebro à alavanca de câmbio de um carro antigo. Um funcionamento correto desta zona do cérebro implica poder mudar de marcha – de ideia, de foco de atenção – com facilidade. Quando ficamos presos em uma marcha – em uma ideia – o carro não funciona direito e se produz mentalmente o que chamamos de obsessão.

Essa é a região encarregada de visualizar diferentes possibilidades e opções para qualquer problema, nos dotando de maior ou menor flexibilidade para administrar as contrariedades e mudanças do dia a dia. Quando funciona mal ou está ativada em excesso, aumenta a rigidez e a probabilidade de entrar em pensamentos tóxicos ou em uma espiral sem saída.

Um exemplo próprio da rigidez cognitiva é a necessidade constante de que as coisas sejam feitas da maneira que a pessoa quer e quando quer. Há indivíduos que têm traços obsessivos muito marcados e que estão habituados a determinadas rotinas – quase rituais – de modo que qualquer não cumprimento destas gera neles uma reação desproporcional. As pessoas excessivamente rígidas precisam que os horários, a organização da casa, os planos, estejam de acordo com o que desejam ou esperam. O perfeccionista acrescenta outro fator: tem que ser feito da melhor maneira possível.

OUTRO SUBTIPO DE PESSOAS RÍGIDAS: OS NEGAHOLICS

"Não e não; já disse que não e ponto". Todos já experimentamos um operador de telemarketing ou funcionário que ignora o que você lhe pede com uma negação injustificada como resposta. Conhecemos pessoas próximas que são incapazes de estar de acordo conosco em alguma coisa. Lidamos com indivíduos que não aceitam um conselho, uma recomendação e não querem mudar.

Para a doutora Chérie Cárter-Scott, especialista no assunto, "os *negaholics* são pessoas que são viciadas no negativo". Constantemente e diante de qualquer situação manifestam uma negativa visceral, automatizada e irracional, sendo incapazes de perceber o positivo ou inclusive o meramente neutro. Sua visão da realidade está desequilibrada para a negação. A queixa e o lamento são ingredientes constantes em seu discurso.

Esta acumulação de comentários e atitudes negativos acaba prejudicando gravemente o afetado. São os denominados *negadictos*: são incapazes de seguir em frente já que chegam a boicotar seus próprios sonhos devido a seus medos infundados e ao pessimismo existente em suas mentes. Vivem em constante angústia e sofrimento. Tudo origina um pensamento tóxico que deriva em palavras e condutas destrutivas.

Essa atitude altera a sua relação com os outros; custa-lhes profundamente valorizar o sucesso dos outros e procurar simplesmente "fundir-se" com comentários, expressões e comportamentos. O trato com essas pessoas não é fácil e o entorno tende a querer se separar delas. Acabam se transformando em um obstáculo para os demais, intoxicando os ambientes que frequentam.

A origem dos negadictos é variada. Às vezes surge devido a um sofrimento não superado, outras vezes depois de um período traumático. Depois dessa dor, essas pessoas ficam amargas, distorcem, pifam ou se deprimem. A chave está em sair, pedir ajuda o quanto antes possível e reconhecer que esse processo interno tóxico está prejudicando seriamente a vida. Como dado curioso, de acordo com estudos realizados pela Universidade Harvard, 75% daqueles que sofreram algo dramático, em dois anos se recuperaram. Pelo menos a ciência nos leva a ser otimistas, apesar do drama.

CRONOPATIA, A OBSESSÃO POR APROVEITAR O TEMPO

A arte do descanso é uma parte da arte de trabalhar.
John Steinbeck

Estamos em um momento da história no qual a aspiração máxima do ser humano é a produtividade e a eficiência. É o que chamamos de a mercantilização do tempo.

Hoje se valoriza de forma positiva tudo aquilo que se relaciona com a velocidade e a capacidade de aproveitar mais o tempo. Qual é a consequência disso? O surgimento de um estresse que, qual uma enfermidade maligna, está se estendendo a todos os aspectos de nossa sociedade, tornando-se crônica e gravemente prejudicial.

O tempo é o bem mais democrático que existe. Todas as pessoas contam com 24 horas em seu dia. Cada uma é responsável não só por como preenche o dia, mas por como percebe a sensação do tempo. O ser humano se define segundo a maneira como organiza seu dia e, com isso, sua vida. Indivíduos organizados conseguem que as horas se multipliquem, porque não esqueçamos que "a ordem é o prazer da razão". Chegando a este ponto, podemos diferenciar dois extremos: o das pessoas que perdem e desperdiçam seu tempo com uma vida vazia que as conduz a estados depressivos e o daquelas que sofrem de cronopatia. Quem não conhece alguém que não consegue desistir de nenhum plano, que precisa planejar todo seu tempo com muita antecedência e preencher todos os espaços e vazios de sua agenda com múltiplas atividades? Cuidado com eles, sua vida acaba se transformando em uma fuga para a frente. Não esqueçamos que as grandes experiências da vida não se saboreiam na agitação das pressas e no relógio. A vida não é plena e gratificante se não há paz e quietude em alguns instantes.

VOCÊ SABE DESCANSAR DE VERDADE?

Acredito profundamente que o descanso verdadeiro está em vias de extinção. Surgiu uma nova "síndrome": a cronopatia – *cronos* "tempo", *páthos* "enfermidade" –, a doença do tempo. Dizia Gregorio Marañón: "A velocidade, que é uma virtude, engendra um vício, que é a pressa". Vivemos convencidos de que a pressa e a aceleração produzem maiores e melhores resultados na vida. Estamos acostumados a que, se tentamos marcar uma reunião com alguém, nos responda:

– Não tenho tempo, estou muito ocupado...

Achamos que é normal e correto.

O imediatismo se transformou em um protagonista crucial da vida. Tudo aqui e agora. Não se espera uma semana para ver o próximo capítulo de uma série e se pede a devolução do valor pago pelas passagens de trem por terem chegado com quinze minutos de atraso.

Quem não passou pela tristeza de uma tarde de domingo? Eu a chamo de "domingo escuro". Acontece especialmente com pessoas que vivem intensamente durante a semana. Às sextas-feiras e aos sábados costumam ir a baladas e consomem bebidas alcoólicas. Chega o domingo, muitas percebem uma queda física e anímica que as leva a desejar que volte a ser segunda-feira. A razão? São cavalos de corrida que, semana após semana, chegam esgotados na chegada. Não sabem descansar. Essa parada gera ansiedade, sentimentos de culpa, vazio e tristeza.

O homem atual parece que tem de se desculpar após uma "reunião" para poder ter um momento de ócio ou de tranquilidade. Não pega bem dizer que está livre ou desocupado. O que acontece? De repente, um amigo o chama e, todo sério e com o olhar preocupado depois de sofrer problemas musculares, taquicardias, um ataque de ansiedade ou inclusive um infarto, lhe diz:

– Meu médico me receitou descansar.

Aí a pessoa começa a mudar de vida, e tem início uma nova fase em que dá aos grandes aspectos da vida a importância que merecem.

O CASO DE FRANCISCO

Francisco é diretor de uma multinacional que passou muito jovem em um concurso para advogado do Estado com uma nota muito boa. Desde então sua trajetória tem sido ascendente: começou na área administrativa e pouco depois foi para a iniciativa privada. Em certo momento de sua vida se dedicou à política sem chegar a se envolver 100%. Em geral, é um homem que se interessa por muitos assuntos: política, história, filosofia, logicamente direito, gosta de escrever... Por isso, sua agenda é ocupada desde a hora que acorda até quando vai deitar.

Quando tem tempo livre fica agoniado porque gosta de ter a sensação de que aproveita o tempo. Quando está tomando o café da manhã com sua família pergunta qual é o plano para o dia. Sempre encontra algum intervalo no qual considera que algum deles aproveitaria melhor o tempo se fizesse outra coisa diferente. Os filhos passam as tardes no colégio envolvidos em aulas extracurriculares – música, chinês, inglês, artes, esportes –, exceto às sextas-feiras, que ele gosta que dediquem a arrumar seu quarto e a brincar. No fim de semana sempre tem um plano perfeito, bem organizado – praia, montanha, visitar uma cidade – e sua mulher vive "atrás dele" e muitas vezes lhe confessa que não acompanha seu ritmo, que precisa que pare, ao que o marido responde que a vida é para ser aproveitada e que estão em seu melhor momento.

Ele começou a se preocupar porque está começando a dormir mal, a ter enxaquecas e, às vezes, tonturas. Decide ir ao médico – depois de uma árdua reconfiguração de sua agenda, pois não tem tempo para isso – e lhe receitam uns comprimidos que fazem um leve efeito. Vive lutando contra o tempo e sem capacidade de desfrutar.

A família vem ao meu consultório com um pedido concreto:

– Que ele pare, que aprenda a não fazer nada.

Mas ele diz que não quer parar, que esta é a sua forma de ser, que quando freia se agonia, porque não sabe viver em calma.

Recomendo, para o estado de ansiedade, doses muito pequenas de um remédio – infraterapêutico; no dia seguinte me liga para dizer que está profundamente sonolento em seu escritório. Quando se viu freado um pouquinho, seu corpo reagiu como se tivesse ingerido uma dose brutal de um sedativo.

O que tentamos lhe mostrar é que não sabe viver relaxado. Ele próprio reconhece que, quando percebe uma sensação de quietude, surge a ansiedade e que esta desaparece quando começa a fazer alguma coisa. O mais importante com Francisco não é ensiná-lo imediatamente a relaxar – não é capaz de adotar técnicas de relaxamento, ioga ou *mindfulness* porque lhe provocam taquicardia –, e sim ter consciência de que precisa aprender a descansar.

> Ter consciência disso, o que é chamado de *insight*, é seu primeiro passo na terapia. O segundo, aprender a fazer um exercício que não seja apenas dinâmico, ou seja, que o faça aprender a "perder" tempo e relaxar. Consegue com muita dificuldade devido à forte resistência que há em seu interior: ele sempre foi assim, foi educado com muita exigência quanto ao aproveitamento do tempo. Portanto, o prognóstico é incerto.
>
> Está fazendo terapia há vários meses, e foi melhorando aos poucos. Conseguiu dar à família momentos espontâneos nos quais se divertiram fazendo pouco ou nada e até improvisando – coisa antes inviável.

Aprendamos a parar. Frear para ver, observar e desfrutar. Você percebeu que para observar e contemplar de verdade é necessário parar? Correndo não se percebe a beleza. Deleitar-se com uma paisagem bonita, com um pôr do sol, com uma leitura cativante, parar e desfrutar de um vilarejo escondido perto da estrada, ouvir uma canção que evoca emoções... sem sentimento de culpa ou de perda de tempo. Ganhamos em saúde, em prazer, em felicidade e em qualidade de vida.

Já o explicava Jacques Leclercq, em 1936, em seu discurso de posse na Academia Livre da Bélgica: o grande filósofo René Descartes teve seus sonhos e visões depois de passar vários meses descansando; Newton descobriu um dos grandes princípios da física sentado debaixo de uma árvore; Platão construiu o pilar da filosofia nos jardins de Akademos. Nenhum deles chegou a suas descobertas em um momento de vida frenética. Não é correndo e de forma apressada que se chega à substância e à beleza da vida.

A solidão, o descanso, o silêncio, o ir com pausa, são chaves para criar e começar projetos com esperança. O mundo está doente, de fato sofre de estresse crônico. Como a sociedade vai funcionar se criamos seres hiperestressados correndo e funcionando a toda velocidade? A vida frenética indica que é o entorno que nos dirige, e não nós mesmos.

Ouvir a voz interior é um dos primeiros passos para se conhecer e se superar. Essa voz não é ouvida diante do frenético barulho da vida. Paz interior, sossego... é o que pedem todas as terapias atuais. Surgem sem parar, em muitos lugares, cursos de ioga, *mindfulness* e todo tipo de meditações para se desconectar do caos exterior.

Olhamos tanto para o relógio que não damos tempo ao que é importante! Aproveite uma tarde de domingo e se desligue do telefone e do relógio; use o modo avião em casa, sem medo de não atender a uma chamada, um e-mail, uma notícia ou um tuíte. Você não precisa estar ligado as 24 horas do dia. Aprenda a "perder" um pouco de tempo, ganhando em paz e serenidade.

> Não se envolva em excesso. Aprenda a renunciar.
> Viva o momento presente. Tente saborear a natureza, a praia, o mar, a montanha de vez em quando. Você se abrirá para grandes sensações que o preencherão de verdade. Isso sim, sem perder de vista seu projeto pessoal. Planeje, tenha pontos de referência, mas aproveitando toda vez que chega um momento especial, desejado ou emocionante.

A ERA DIGITAL

Estava voltando do México e qual foi minha surpresa ao ler no jornal uma notícia impactante: "O Facebook admite que brinca com a mente de seus milhões de usuários". Acontecera em um evento médico na Filadélfia, onde o cofundador do Facebook, Sean Parker, reconheceu que sua empresa havia sido criada "para explorar uma vulnerabilidade da psicologia do ser humano: a retroalimentação da validação social". A ideia que tiveram quando fundaram a rede social era conseguir que os usuários passassem muitas horas conectados. Daí surgiu a ideia de criar o botão *like* em seu aplicativo.

O QUE ACONTECE NO CÉREBRO CADA VEZ QUE VEMOS UM *LIKE*?

Comecemos a entender este processo mental e digital. Nós, que nos dedicamos ao mundo das emoções e do comportamento, sabemos que o universo da tela – internet, redes sociais, vídeos e vários aplicativos – está afetando profundamente a maneira como nos relacionamos, a maneira como processamos as informações – memória, concentração, multitarefa, educação, motivação... – e, portanto, em última análise, a felicidade.

Atualmente existem empresas e programadores focados em conseguir que os indivíduos dediquem o maior número de horas ao seu dispositivo. Este enfoque é consciente. Ou seja, os fabricantes desses aparelhos sabem e conhecem exatamente como a mente funciona quando está diante de uma tela e da tecnologia e fabricam aparelhos que possam gerar um efeito viciante.

De fato, os *gadgets* e os inúmeros aplicativos recentes foram projetados para viciar. Esta é uma questão crucial e importante de entender – tanto no âmbito profissional como para pais e educadores. Vamos explicar em que consiste.

Todo vício tem uma base molecular e fisiológica conhecida há muitos anos. As drogas como o álcool, a cocaína, os comprimidos, a maconha, as apostas, o jogo, a pornografia, são reguladas pelo mesmo hormônio: a dopamina.

A dopamina é o hormônio encarregado do prazer. É o que regula o sistema de recompensa do cérebro. Atua no instante no qual se interage com o objeto de prazer – sexo, álcool, drogas ou redes sociais – e nos instantes prévios – muitas vezes se antecipa ao prazer e é um ativador da emoção. Às vezes, gera um vazio posterior, provocando uma necessidade de voltar a consumir aquele produto específico pouco tempo depois. Uma pessoa viciada em cocaína, sexo ou redes sociais tem uma afetação profunda em sua capacidade de atenção, tem alterada sua vontade – regulada pelo autocontrole – e, em última instância, chega a perceber sentimentos de tristeza e de vazio profundos.

O que o cofundador do Facebook reconheceu no evento da Filadélfia? Suas palavras foram:

– Quando a pessoa recebe um *like*, recebe um pequeno golpe de dopamina que a motiva a postar mais conteúdo...

O que acontece? As empresas, hoje em dia, não procuram apenas o marketing tradicional e conservador, mas tentam juntar psicologia, neurofisiologia e neurociência. Captando sua mente, sua atenção, geram mais conteúdos, mais dados e mais capacidade de dominar o que você compra, o que vê, o que decide e o que faz.

Aí reside a base das drogas: são ativados no cérebro mecanismos para nos pedir um consumo frequente e prolongado dessas substâncias. A maior parte desses produtos ou é proibida ou regulada. Não estamos percebendo que as crianças estão sendo expostas, desde muito cedo, a todo este mundo digital – sem restrições – e com grandes possibilidades de alterar profundamente suas mentes, seu processamento da informação e sua capacidade de administrar as frustrações e as emoções.

Todo ser humano, desde a infância e a adolescência, procura vias de escape para lidar com seus altos e baixos, suas frustrações e vazios. Não esqueçamos que a tela tem uma função relaxante e de entretenimento. Quando as crianças e os jovens se veem em conflito, aborrecidos ou estressados, procuram o dispositivo para "relaxar". Sua mente se habitua a que, diante do esforço, sua via de escape seja a tela, as redes sociais ou a internet. Uma alta porcentagem da população recorre às redes – WhatsApp, Instagram, Facebook, Twitter, Tinder... – procurando esse pico de dopamina que se ativa no contato com elas. Estamos na era do excesso de informação e da superabundância de estímulos. Essa excessiva estimulação está profundamente ligada a um consumo desmedido, tanto de informação como de bens materiais e até fictícios. Tudo se consegue facilmente na base de um clique. Quando a pessoa não consegue o que quer quando quer, são ativados circuitos de frustração que estão na base da debilidade de caráter de muitos jovens carentes de capacidade de esforço – o que é preciso para gerar resultados gratificantes! Daí surgem muitos problemas na educação e alguns transtornos psicológicos. Surpreende-me – e me preocupa – enormemente a quantidade de jovens que atendo no consultório com uma apatia desmedida, desiludidos, nos quais não há forma de ativar sua atenção e motivação. Não esqueçamos que as únicas coisas que realmente preenchem o ser humano por completo são o amor – de casal, amigos... – e a satisfação profissional. Esses dois pilares da vida se constroem à base de esforço, consciência e paciência.

Os avanços mudam a uma velocidade impressionante, e impedem que a sociedade freie, pare e reflita sobre o impacto que tudo isso está tendo em sua mente, em seu corpo e em sua vida. Quando já estamos imbuídos por completo e alterados moderadamente é que tentamos levantar a cabeça e observar com certa perspectiva. Nesses momentos – agora estão surgindo vozes em várias áreas –, nos perguntamos: é muito tarde? Criamos um monstro e agora não sabemos freá-lo? Os programadores do Vale do Silício levam seus filhos a escolas onde não existem apenas computadores... O que nós estamos perdendo?

A tecnologia trouxe grandes benefícios. Como tudo, é necessário reaprender a usá-la; cada um de nós tem que decidir de que maneira deseja controlar sua atenção: começar vendo a que dedica seu tempo e posteriormente fazer um exame real sobre até que ponto estamos conectados, presos. A internet e seus derivados têm vantagens muito poderosas para tornar a vida mais simples em muitos aspectos, mas seu mau uso deriva em condutas prejudiciais para a mente e o comportamento.

Crescer no meio da tecnologia não nos torna mais inteligentes. É verdade que ela facilitou um sem-fim de atividades, mas, sobretudo, desenvolvemos uma característica na mente com grande habilidade: a multitarefa. A neurociência a chama de "alternância continuada da atenção". Isso significa que o cérebro dedica alguns minutos ou segundos a realizar uma tarefa, depois outra e depois outra. O cérebro não pode concretizar duas ações ao mesmo tempo se elas envolverem a mesma área cerebral. Se estamos ouvindo a letra de uma canção em inglês ao mesmo tempo que lemos um livro, não realizamos nenhuma das duas tarefas plenamente. É produzida uma alternância no foco de atenção devido ao fato de estar sendo usada uma mesma região cerebral.

A realidade é que, quando realizamos uma função multitarefa, o cérebro é capaz de captar de forma superficial muitas informações, mas não é capaz de retê-las. Clifford Nass, sociólogo de Stanford, foi um dos primeiros a estudar a relação entre o déficit de atenção e a multitarefa. Apesar do que se possa pensar, as pessoas que fazem várias coisas ao mesmo tempo – conversar ao telefone, responder um e-mail... – são menos eficientes. É verdade que são capazes de mudar de foco de atenção mais agilmente, mas os estudos afirmam que isso implica um bloqueio da memória do trabalho. Se isso se generalizar, acabaremos vivendo em uma sociedade superficialmente informada e carente de formação.

Os pesquisadores da Universidade de Saarland (Alemanha) B. Eppinger, J. Kray, B. Mock e A. Mecklinger publicaram estudos interessantes sobre o tema. Quando a mente alterna várias tarefas, os circuitos cerebrais fazem uma pausa entre uma e outra, consumindo mais tempo e gerando menos eficácia no processamento das tarefas. Estamos falando de uma redução de até 50%.

O século 21 é o século da excessiva estimulação; graças – ou apesar – das "novas" tecnologias, o cérebro se vê exposto e obrigado a processar quantidades ingentes de dados que chegam aos nossos sentidos, fundamentalmente a visão, que irrompem em ondas ou de forma simultânea. Essa hiperestimulação tem graves consequências; as crianças e os jovens, habituados a esse bombardeio, precisam de estímulos cada vez mais fortes e intensos para se motivar. Isto reduz sua curiosidade, espanto ou vontade de querer aprender alguma coisa que vá além do mundo digital. Estão desmotivados e sua criatividade e imaginação completamente anuladas. Não apenas isso, desde a infância são acostumadas a um ritmo de vida e a uma intensidade que dificulta a serenidade e o desfrute do silêncio. Pode-se afirmar que os filhos pulam sem parar de um estímulo a outro.

Não esqueçamos que o sucesso na vida é conseguido por pessoas que são capazes de se concentrar e focar no que realmente desejam, sendo capazes de perseverar no propósito. A atenção do cérebro se desenvolve no córtex pré-frontal. Essa região se encarrega da vontade, do autocontrole e do planejamento de uma tarefa. É necessário desenvolver essa zona do cérebro nas crianças desde pequenas. É uma das mais importantes da mente.

Vejamos então como se desenvolve o córtex pré-frontal desde o nascimento.

Um bebê começa a prestar atenção quando vê a luz; com poucos meses de vida, sua atenção se foca onde há luz, movimento e som. O grande desafio da educação consiste em conseguir que as crianças prestem atenção a "coisas" não móveis nem luminosas – papel, comida, escrita, leitura, deveres... Trata-se de canalizar sua vontade e atenção para que sejam capazes de concentrar sua atenção de forma voluntária. Se nesse momento de sua vida dermos às crianças iPads, telefones ou tablets, a atenção da criança volta à luz, ao movimento e ao som. Não é um avanço em seu córtex pré-frontal, mas sim um retrocesso claro, pois a criança se motiva e reage como quando era bebê. A única diferença é que os sons são mais intensos e as luzes e os movimentos mudam a uma velocidade mais vertiginosa.

O cérebro dos jovens precisa aprender a focalizar sua atenção, a desenvolver de forma saudável a zona frontal do cérebro, responsável pela vontade e pelo autocontrole. Uma exposição excessiva à tela inibe o funcionamento correto com um claro déficit de atenção e de concentração. Hoje muitos defendem a importância da meditação e, em particular, a do *mindfulness* – atenção plena. Ensinamos os jovens a não se concentrar e quando adultos lutamos para recuperar a capacidade de autocontrole de nossa mente e atenção. De fato, há algo que não estamos fazendo direito.

A hiperconectividade está intimamente relacionada com a hiperatividade. O famoso TDAH – transtorno por déficit de atenção e hiperatividade – tem um estreito vínculo com isso. Os jovens diagnosticados com TDAH têm grande dificuldade de concentração e atenção e baixa tolerância à frustração. O uso prolongado de tecnologias produz alternativas gratificantes, fáceis e atraentes, mas dificulta que sejam capazes de prestar atenção a estímulos não digitais.

É necessário educar *off-line*. Sim, sobretudo em nível emocional e social. "A comunicação cara a cara é o melhor modo de aprender a ler as emoções do outro", dizia Nass. Não esqueçamos que a tão conhecida inteligência emocional é uma das chaves do sucesso na vida. A tela é a pior educadora para atingi-lo. Isola e afasta a criança de tudo que a cerca. Freia a capacidade de entender as emoções, de se conectar com as pessoas, com suas emoções e anula a capacidade de expressar o que o indivíduo sente olhando nos olhos, e não no teclado ou na tela. Os jovens de hoje não sabem expressar suas emoções olhando nos olhos daquele que está diante deles. Eduquemos as crianças para que sejam capazes de saborear a vida, as emoções e as relações pessoais, olhando nos olhos de quem está diante delas.

Os jovens se conectam mais facilmente com uma tela, uma rede social ou um videogame do que com a natureza. Não se trata de negar a tecnologia, nem negar o avanço digital, mas de saber introduzi-los de forma sensata e escalonada na vida das crianças e dos adolescentes, ensinando-lhes a controlar o acesso aos aplicativos e aos conteúdos. Decidamos realmente educar para se conectar primeiro com a realidade das coisas, as emoções das pessoas e a natureza. Feito isto, estaremos preparados para entrar, passo a passo, no mundo digital.

CAPÍTULO 8

COMO REDUZIR O CORTISOL

O EXERCÍCIO

Uma das formas mais eficientes para combater o estresse, a ansiedade e a depressão é se exercitar regularmente. Desta maneira se incentiva a produção de serotonina e dopamina, hormônios que reduzem a ansiedade e ajudam a combater a depressão.

> Cuidado! O cortisol pode aumentar durante a prática de alguns exercícios especialmente puxados, pois o organismo os interpreta como uma ameaça.

Em casos de exercícios extremos, o cortisol não apenas não diminui, mas aumenta, alcançando o auge depois de trinta ou quarenta minutos de exercício intenso e prolongado, e depois disso vai chegando aos poucos aos níveis normais. O problema é que muitas vezes não dispomos de tempo suficiente para ultrapassar a barreira a partir da qual os níveis de cortisol caem. Portanto, é mais conveniente fazer exercícios suaves e relaxados, de baixa intensidade, como ioga ou pilates, ou simplesmente caminhar. Um estudo do bioquímico Edward E. Hill publicado, em 2008 pela revista *Journal of Endocrinological Investigation*, concluiu que fazer exercícios com 40% de intensidade bastava para reduzir os níveis de cortisol. Além disso, se o exercício é feito no campo, ao ar livre, longe do barulho e da poluição das grandes cidades, seus efeitos são muito mais benéficos para o organismo.

O ambiente em que a pessoa pratica esportes importa, e muito. Um estudo coordenado em 2005 pela doutora Jules Pretty, do departamento de Ciências Biológicas da Universidade de Essex, Reino Unido, descobriu os benefícios físicos da prática de esportes ao ar livre e no campo – o que foi denominado de *green exercise* –, em comparação com os que eram feitos, por exemplo, dentro de academias ou nas ruas de uma cidade. A pesquisa consistiu em projetar imagens em uma parede enquanto grupos de 20 pessoas se exercitavam sobre esteiras de corrida. Para quatro grupos de pessoas projetaram imagens de quatro categorias diferentes – rurais agradáveis, rurais desagradáveis, urbanas agradáveis e urbanas desagradáveis. Ao mesmo tempo, um grupo monitorado correu sem que nenhuma imagem fosse projetada. Tomou-se a pressão arterial das pessoas e foram feitas anotações de dois aspectos psicológicos – autoestima e estado de humor – antes e depois dos exercícios. Comprovou-se que a projeção de imagens agradáveis, tanto rurais como urbanas, teve um significativo efeito positivo na autoestima e no estado de humor.

A natureza e os seres vivos induzem a maioria das pessoas a um estado de bem-estar, por isso é fundamental para a saúde mental contar com espaços verdes na vizinhança. A natureza nos ajuda a combater as doenças mentais que possamos ter desenvolvido, a nos concentrar melhor e a pensar com mais clareza.

A simples contemplação da natureza já produz efeitos benéficos, como, em 1981, demonstrou Ernest O. More, ao constatar que presidiários que podiam ver fazendas nos arredores de uma prisão adoeciam menos do que aqueles cujas celas davam para o pátio do cárcere. Na mesma linha, Roger S. Ulrich constatou, em 1984, que os pacientes que tinham uma janela voltada para a natureza precisavam de menos tempo de internação pós-operatória em um hospital do subúrbio da Pensilvânia. A contemplação da natureza é positiva, mas se exercitar cercado por ela é melhor. A doutora Sara Warber, professora de Medicina Familiar da Escola de Medicina da Universidade de Michigan, em um estudo publicado em 2014 pela revista *Ecopsychology*, tratou dos efeitos benéficos de passear em grupos ao ar livre: são reduzidos o estresse, a depressão e os sentimentos negativos, ao mesmo tempo que aumentam os positivos e melhora a saúde mental.

> Os exercícios ajudam a administrar e equilibrar o hipocampo. Quando você se sente alterado, seu hipocampo diminui de tamanho e a amígdala reage de forma mais desorganizada.

Em suma, exercícios moderados e praticados o mais próximo possível da natureza reduzirão os níveis de cortisol, melhorarão o sistema imune e nos ajudarão a combater o estresse, a ansiedade e a depressão.

ADMINISTRAR AS PESSOAS TÓXICAS

> Aprenda a administrar as pessoas tóxicas.
> Cerque-se de "pessoas vitamina".

Quase todos contamos com alguém cuja mera presença ou companhia – até o simples ato de tê-la em mente – altera nosso estado de ânimo. Provavelmente já sabemos, quase sem nos esforçar, quem é esse indivíduo. Normalmente a principal razão dessa negatividade se deve ao fato de que, em algum momento, essa pessoa teve uma influência perversa ou impactou muito negativamente a sua vida.

✓ Me sinto mal quando estou com ela. Me incomoda e revelou uma parte de mim da qual não gosto. Qualquer que seja o tema da conversa, seus comentários, ainda que sutis, sempre destilam um pouco de desprezo. Já não sei se é algo meu ou se vejo fantasmas onde não existem. Não sei se é ciúme, inveja... Mas ao seu lado me sinto vulnerável e só quando vai embora relaxo e respiro aliviado. Apesar disso, não consigo me separar dela, embora ache que deveria estabelecer certa distância. Esta situação está alterando meu caráter e me cria angústia e certa tristeza.

Essa pessoa pode ser seu cônjuge, sua mãe, um chefe, um companheiro de trabalho, um cunhado, um vizinho, um amigo... O comportamento, a presença ou a forma de ela se relacionar nos altera e invariavelmente nos tira a paz.

São os indivíduos tóxicos. Existem de todos os tipos: instáveis, ciumentos, paranoicos, imaturos ou neuróticos. De qualquer forma, têm a capacidade de nos desestabilizar, às vezes em segundos, opinando, criticando e avaliando constantemente nossas vidas, decisões ou comentários. Tornam-se espectadores com direito de opinar sobre tudo o que dizemos ou fazemos e, portanto, é muito difícil criar vínculos saudáveis com eles. Às vezes somos culpados de ter permitido que pessoas que sabíamos que eram assim chegassem ao nosso círculo mais íntimo.

> A pessoa tóxica se transforma em espectador da sua vida com direito de opinar.

São especializadas em manipulação e sabem detectar com exatidão os pontos fracos de suas vítimas. O tóxico, por definição, asfixia constantemente suas vítimas. Às vezes pode ser de forma voluntária, em outras, no entanto, não têm consciência do terrível dano que causam ao seu entorno. Não confundamos alguém que simplesmente está passando por um mal momento com irascibilidade ou cinismo pontuais com outro que de forma constante e regular dirige toda a sua toxicidade aos seus alvos.

Por princípio, sujeitos tóxicos não contribuem com nada de positivo. Quando se trata de relações amorosas ou familiares, às vezes surge um fenômeno de engate e dependência difícil de ver e reconhecer. A pessoa convence a si mesma de que eles não alteram seu equilíbrio interno, e insiste em manter essa relação tóxica por medo e solidão, o que a leva a tolerar e suportar situações extremas que não deveria permitir.

A chave para que nossas pessoas tóxicas não nos afetem está na atitude que adotamos em relação a elas. É preciso conseguir que não invadam nosso mundo interno, evitar o máximo possível que se intrometam em nossa vida, e jamais permitir que anulem nossa capacidade de tomar decisões. Essa última barreira, a de conservar sempre nossa liberdade de decidir, pode se ver recortada por obstáculos reais ou imaginários que nossos "vampiros emocionais" usaram, brincando conosco, para conseguir, em muitos casos, quebrar nossa vontade.

Aqueles que se deixam invadir por personalidades tóxicas podem acabar com uma sintomatologia ansiosa e depressiva, sentimentos de culpa, de dependência, com uma consequente repercussão na autoestima.

SEIS CHAVES PARA ADMINISTRAR A PESSOA TÓXICA

1. SEJA DISCRETO COM ESSAS PESSOAS

A qualquer momento elas podem usar a informação que têm para anulá-lo ou feri-lo. Aqueles que o amam se alegrarão com seus sucessos e saberão apoiá-lo nos momentos difíceis. Quando identificar um indivíduo que lhe faz mal, procure não lhe dar informações sobre sua vida.

2. IGNORE A OPINIÃO DAS PESSOAS TÓXICAS

Assim você será livre diante de suas palavras e comportamentos. Relativize seu comportamento, não lhes dê importância. Depende de você que elas o influenciem. Sem enfrentá-las diretamente, aprenda a vestir uma "capa de chuva psicológica" pelo qual escorreguem olhares de desdém, comentários sarcásticos ou críticas incisivas. Você deve se perguntar: quero que esta pessoa tenha tanta importância em minha vida?

3. TENTE ESQUECER A PESSOA TÓXICA

Afaste-se aos poucos, sem ser mal-educado, ou de forma direta. Há indivíduos que chegam às nossas vidas e as melhoram; outros, pelo contrário, quando se afastam as melhoram ainda mais.

4. SE NÃO CONSEGUE SE AFASTAR PORQUE FAZEM PARTE DA SUA VIDA, APRENDA A CONVIVER COM ELAS

Se essa pessoa vai estar no quadro de sua vida, adapte-se, não repita com ela estratégias erradas. Em seguida se pergunte com honestidade se está diante de um "tóxico universal" – o que gera essa toxicidade ou mal-estar em todo mundo – ou se é apenas um "tóxico individual" – que curiosamente só afeta a você.

Depois desse primeiro passo, a segunda análise consiste em esmiuçar a raiz da toxicidade. Tente analisar aquilo que o deixa inquieto em sua relação com essa pessoa. Ou seja, o que acontece em mim quando a vejo? Surgem sentimentos de inferioridade, de debilidade, de raiva, de temor, de ira? Seja, como for possível, seu próprio terapeuta, inclusive com papel e lápis, e avance no diagnóstico. Tente compreender esse indivíduo tóxico: o que acontece com ela? Por que me trata assim?

Sempre me ajudou muito este lema já citado neste livro: "compreender é aliviar". Quantas vezes, ao compreender a situação pela qual passam outras pessoas, sua história de vida, seus traumas ou problemas, podemos nos compadecer delas e assim deixarmos de sofrer.

5. PASSO A FAZER UMA PROPOSTA ARRISCADA: PERDOAR

Um coração ressentido não pode ser feliz e, muitas vezes, o perdão é o melhor bálsamo que existe. Se um veículo faz uma manobra perigosa ou simplesmente mal-educada, podemos pensar que o motorista é um energúmeno e xingá-lo e vaiá-lo – o que não nos trará paz, mas, sim, aumentará o nosso nível de cortisol – ou podemos vê-lo como alguém ansioso ou infeliz e nos compadecermos dele, perdoá-lo.

6. TER POR PERTO "PESSOAS VITAMINA"

Estas produzem o efeito contrário das tóxicas na mente e no organismo. São capazes de alegrar o coração em segundos. Recomendo ter à mão pessoas boas e alegres, com intenções saudáveis, que estimulem e enriqueçam nosso equilíbrio interno. As "pessoas vitamina" são aquelas que sempre têm a capacidade de nos devolver a alegria de viver. Temos que frequentar sua companhia o máximo que pudermos.

> Os amargurados andam juntos, se contagiam. Se você está em um momento de debilidade, recorrer a uma pessoa assim pode afundá-lo e tirar o pior que há em você. Quando conseguir não se sentir vulnerável diante de suas pessoas tóxicas, terá vencido uma importante batalha na guerra pela felicidade.

PENSAMENTOS POSITIVOS

Tratamos durante todo o livro da importância de educar os pensamentos. Vamos dar algumas sugestões concretas para frear os pensamentos negativos em cascata e conseguir deter ou reconduzir a corrente de preocupações que nos espreitam todos os dias.

Aproveitar a vida exige que sejamos capazes de relativizar o negativo e saber ter prazer nas coisas pequenas. Viver em constante estado de alerta, angústia ou tristeza impede que encontremos a paz e o equilíbrio imprescindíveis para sermos felizes. A maior parte das coisas que nos inquietam são um acúmulo de "micropreocupações" que, somadas, alteram nosso mundo interno.

Para evitar as preocupações é necessário substituir esses pensamentos por ocupações e ideias construtivas e positivas. Ocupar-nos com planos, passatempos, pessoas... Sair da espiral tóxica na qual nos enfiamos, às vezes de forma inconsciente. Gosto muito desta frase atribuída a Van Gogh: "Se uma voz interior lhe diz 'não pinte!', pinte com força e calará essa voz".

Existe uma voz interior que chamo de "voz comentarista do pensamento". É nesse ruído que vai comentando a jogada, o entorno, os indivíduos com os quais cruzamos. Tem muito a ver com nossos julgamentos pessoais, as críticas internas, as frustrações. Educar essa voz ajuda a recuperar o equilíbrio. Em psicoterapia trabalho muito este tema: conseguir frear a corrente devastadora de pensamentos negativos que nos afundam e bloqueiam.

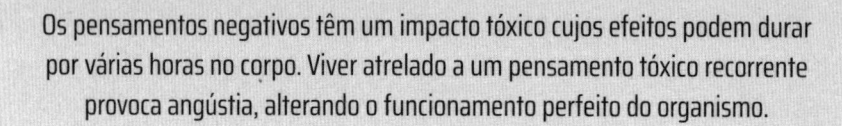

> Os pensamentos negativos têm um impacto tóxico cujos efeitos podem durar por várias horas no corpo. Viver atrelado a um pensamento tóxico recorrente provoca angústia, alterando o funcionamento perfeito do organismo.

ALGUMAS IDEIAS "SIMPLES" PARA NÃO SE PREOCUPAR TANTO

A base dessas ideias consiste em reestruturar o cérebro e os automatismos que surgem em sua mente e o bloqueiam, voltando a eles sem parar. Você deve ter consciência de que seus pensamentos "são reais e existem". Por mais que não sejam ouvidos ou sentidos, têm força e capacidade de alterar.

- ✓ Isto que me preocupa é substancial ou não tem importância? Pare um segundo: pode ser que minha mente esteja me enganando, aumentando ou distorcendo este tema? Aceite que esses pensamentos nem sempre dizem a verdade. Às vezes podem ser corretos, mas em muitos outros casos falseiam a realidade.

- ✓ Que emoção me produz? Conhecendo nosso esquema, qual é, hoje, meu estado de ânimo? Qual é a causa do possível "desânimo ou momento sensível?" (sono, drogas, cansaço, circunstâncias externas...).

- ✓ Observe o impacto que cada pensamento negativo gera em seu corpo. Tome consciência de como pode influir em seu organismo um pensamento tóxico ou daninho (taquicardias, sudorese, dor de cabeça, moléstias gastrointestinais, contraturas musculares...).

- ✓ Não traduza automaticamente cada pensamento em palavras. A pessoa é dona de seus silêncios e escrava de suas palavras. Faça uma pausa e pondere o que vai dizer e suas consequências antes de se expressar.

- ✓ Fui capaz de sair disto que me preocupa (ou de algo semelhante) em outros momentos. Qual foi o primeiro passo para sair desta espiral?

- ✓ Não pressuponha o que os outros pensam: "Estou certo de que pensa isto de mim...". Suas suspeitas podem ser infundadas. Não prejulgue.

- ✓ Converse com você positivamente. Diga algo a seu respeito, que seja verdade e que o ajude a crescer com segurança.

- ✓ Sinta essa emoção positiva, permita que chegue ao seu corpo proporcionando bem-estar.

- ✓ Agarre-se ao presente, à sua capacidade de agir aqui e agora.

- ✓ Tenha visão do futuro. Decida se esta é uma batalha na qual compensa que você se desgaste neste momento. Relativize. Pense se aquilo que agora parece decisivo terá importância dentro de um ano.

- ✓ Não aja nem responda se você estiver com pensamentos automáticos negativos. Espere, se dê uma chance... Seja capaz de mudar sua linguagem, substituindo, por exemplo, "problema" por "desafio" ou "erro" por "segunda chance". Use palavras que aproximem o otimismo, como "alegria", "paz", "esperança", "confiança", "paixão", "sonho..."

- ✓ Procure o lado positivo de cada situação. Qualquer circunstância pode ser avaliada numa chave de problema ou de solução. Pense em

Thomas Alva Edison e seu famoso "Não fracassei, só descobri 999 maneiras de como não fazer uma lâmpada".

✓ Um pequeno conselho para momentos de confusão mental: escreva um turbilhão de pensamentos em um papel e refute-os. Por exemplo: "Minha cunhada me odeia". Depois replique esse pensamento: "Hoje ela está em um mau dia, em geral não é tão dura comigo". Pode ser um autoengano, mas a longo prazo fazer esse exercício simples tem consequências saudáveis para a mente e o corpo.

> Que sua voz interior o apoie e não o anule.
> Cuidado para não se boicotar, pois pode levá-lo a fracassar antes mesmo de ter começado a agir em relação aos seus planos.

MEDITAÇÃO – *MINDFULNESS*

No lugar mais profundo dos seres humanos existem poderosos meios de cura, cujos mecanismos ainda são desconhecidos. Refiro-me à introspecção saudável, à meditação e à oração. A mente, graças a esses processos, pode agir sobre o corpo, restaurando-o. Vamos plainar de forma simples sobre este tema – recomendo o livro *Tómate un respiro; Mindfulness*, de Mario Alonso Puig; é um extraordinário passeio pela história e pelo desenvolvimento dessa técnica.

ALGUMA PINCELADAS. O QUE É O *MINDFULNESS*?

Mindfulness significa atenção plena no momento presente. É a arte de observar intencional e atentamente nossa consciência. É um conceito trazido da meditação budista. O *mindfulness* se centra em se ocupar com exclusividade do aqui e agora.

Praticá-lo nas sociedades ocidentais não é uma tarefa simples, pois é algo realmente contra intuitivo e exige uma boa abertura mental. Remete à nossa dimensão espiritual e foge às vezes da lógica que, em geral, guia nossa vida. Não obstante, o *mindfulness* não é uma religião mascarada. No fundo não há nada de místico ou de mágico, exclusivamente o senso comum. Supõe apenas um exame mental com o objetivo de discernir o que leva a nossa mente a adoecer e o que a cura. Nas últimas décadas se multiplicaram estudos científicos que foram desvendando os benefícios que as práticas meditativas e o *mindfulness* oferecem para o corpo e a mente

A dimensão espiritual ou sobrenatural do ser humano possui um poder extraordinário sobre a mente e o corpo. Nas pessoas que vivem sua fé – seja qual for – com fidelidade e paz, isto se traduz, segundo alguns estudos, em menor estresse. Isto se deve a múltiplas causas, mas podemos intuir que o fato de ter um sentido na vida, uma comunidade de apoio, propósitos e metas... e a oração/meditação, como mecanismo para lidar contra os problemas e as dificuldades, contribui para o tão ansiado equilíbrio interno.

Trabalhei há alguns anos em Londres no departamento de Psiquiatria do hospital King's College. Colaborei e aprendi com um pesquisador, o professor Danese, que estava em plena fase de investigação sobre a relação entre a meditação e a saúde física, concretamente sobre a inflamação. Recordo que lhe perguntei um dia, almoçando no refeitório do hospital, se os efeitos eram semelhantes na meditação budista, no *mindfulness*, na oração dos cristãos, dos judeus... A resposta foi clara: sim, desde sejam feitas com estes dois elementos: aceitação e abandono. Explicou que o problema da oração e de algumas técnicas meditativas é que a pessoa chega pedindo, exigindo, implorando... com angústia, e isso, mais do que aliviar, às vezes gera mais intranquilidade.

Investir um pouco de tempo em meditar com atenção plena sobre o que nossos sentidos estão experimentando nos faz ganhar tempo, aumenta a eficácia de tudo aquilo que fazemos, melhora a atenção e a concentração, a capacidade de aprender com coisas novas e a criatividade.

Praticar o *mindfulness* supõe exercitar o cérebro, da mesma maneira que praticar um esporte exercita os músculos.

A oração acrescenta um componente fundamental. No caso do *mindfulness*, a chave está em abandonar os pensamentos tóxicos associando-os a uma plena consciência dos sentidos e do aqui e agora. Quando existe uma visão espiritual, a oração soma às vantagens do *mindfulness* a fé em um ser superior, Deus, e a íntima crença de que tudo o que nos acontece tem um sentido.

O sistema de crenças associado às religiões potencializa o cuidado com as relações pessoais, ao promover de maneira muito ativa a empatia, o amor pelo próximo e a capacidade de perdoar.

MINDFULNESS E EMPRESA

Atualmente, o mundo empresarial dá uma grande importância ao *mindfulness*, dado que ficou demonstrado que o mito da multitarefa não é mais do que isso, um mito, e que fazer muitas coisas ao mesmo tempo implica um déficit de eficiência – a chamada "alternância continuada da atenção". Quando fazemos várias coisas ao mesmo tempo, cometemos mais erros e temos dificuldade de recordar aspectos relacionados ao trabalho. Pelo contrário, quando estamos totalmente presentes e atentos ao nosso trabalho, o labor será mais eficaz, tomaremos decisões certas e colaboraremos mais eficazmente com nossos companheiros.

Também foram feitos estudos para ponderar a eficácia da prática do *mindfulness* no universo dos negócios. O nova-iorquino Jon Kabat-Zinn desenvolveu, em 1979, através do Centro Médico da Universidade de Massachusetts, o programa *Mindfulness Based Stress Reduction* – redução do estresse através do *mindfulness* –, com oito semanas de duração. Os resultados foram conclusivos: o nível de estresse fora reduzido e os participantes se sentiam com mais energia no trabalho. Também observaram que havia se incrementado a atividade na área pré-frontal esquerda – que regula a ativação da amígdala e estimula o sistema parassimpático – e que apresentavam uma maior produção de anticorpos diante da administração de um vírus da gripe atenuado do que um grupo de controle que não participou do curso de *mindfulness*.

Esta prática está sendo cada vez mais usada em diversas empresas de todo o mundo. Os benefícios são evidentes.

MINDFULNESS E O SISTEMA IMUNE

Nos últimos anos, David S. Black, professor assistente de Medicina da Escola de Medicina de Keck, da Universidade de Southern California, publicou inúmeros estudos sobre os benefícios do *mindfulness* para a nossa saúde. Levou a cabo a primeira revisão exaustiva de testes controlados aleatórios que examinavam os efeitos do *mindfulness* de acordo com cinco parâmetros do sistema imunológico: proteínas inflamatórias circulantes e estimuladas, fatores de transcrição celular e expressão gênica, quantidade de células imunológicas, envelhecimento destas e resposta dos anticorpos. Suas descobertas sugerem efeitos interessantes do *mindfulness*: uma redução importante dos sinais específicos de inflamação – conhecemos os efeitos nocivos desta! –, alto número de linfócitos T CD4+ – são como os "generais" do sistema imune – e atividade incrementada da telomerase alongando seus telômeros[22]. Estes estudos iniciais são alentadores.

> Seja proativo. Não tenha medo de crer na transcendência de seu ser e da vida. Aprenda primeiro a respirar com atenção em momentos de calma, quando não estiver estressado ou passando por uma crise. Vá treinando sua mente aos poucos, paulatinamente. Preste atenção naquilo que está ao seu redor, conectando-se de forma profunda com sua essência, até chegar a descobrir um mundo maravilhoso.

ÔMEGA 3

Todos os pacientes, familiares ou pessoas que passam pela minha vida sabem que sou uma fiel defensora do consumo de ômega 3. Tudo começou há alguns anos. Eu padecia de um problema severo nas gengivas e uma nutricionista próxima me recomendou que consumisse ômega 3 todos os

---

[22] Recordemos que a longitude do telômero atua como mediador do número de vezes que uma célula pode se dividir, ou seja, do tempo que nos resta de vida. (N. A.)

dias. De forma surpreendente, depois de algumas semanas os problemas de repente desapareceram. Observei que, depois de períodos de muito estresse, as dores voltam e o óleo de peixe freia os efeitos prejudiciais.

Ingerir ômega 3 é uma maneira muito saudável de potencializar seu estado de ânimo e capacidade cognitiva. Embora existam seis tipos de ácidos graxos ômega 3, apenas três deles se relacionam com a fisiologia humana: o ácido alfa linolênico (ALA), o ácido eicosapentaenoico (EPA) e o ácido docosa-sahexaenóico (DAH). Vamos nos concentrar nos dois últimos.

Costumam ser chamados de ácidos graxos essenciais porque são de vital importância para certas funções do organismo, e porque nenhum desses ácidos graxos pode ser produzido de forma autônoma dentro do nosso organismo, e por isso é necessário adquiri-los através da dieta.

O EPA – ácido eicosapentaenoico – é o precursor de alguns eicosanoides. Estes são moléculas de caráter lipídico – gorduras – que têm importantes funções anti-inflamatórias e imunológicas. Esse ácido graxo pode ser obtido através da ingestão de peixes – salmão, sardinha, atum, cavala, arenque... – e de óleo de peixe – óleo de fígado de bacalhau. Na medicina interna, este ácido graxo é usado como hipolipemiantes, ou seja, para reduzir os níveis de lipídios – colesterol e triglicerídeos – no sangue.

O DHA – ácido docosa-sahexaenóico – é encontrado principalmente em óleos de peixe, embora também em algumas algas, como a espirulina. Na realidade, originalmente sua origem está nestas algas, das quais os peixes se alimentam, e aos poucos vai se concentrando conforme avança pela cadeia alimentar. Concentra-se especialmente no cérebro, na retina e nas células reprodutoras. Os neurônios e a massa cinzenta do cérebro são compostos por uma grande quantidade de gordura, e por isso este componente é chave para seu desenvolvimento e funcionamento adequado. O cérebro precisa de um nível adequado de DHA para seu perfeito desenvolvimento. Caso contrário estaremos diante de um déficit na neurogênese e no metabolismo dos neurotransmissores.

> O ômega 3 tem uma importante função anti-inflamatória.

Estudos realizados pelo bioquímico nutricional norte-americano William E. M. Lands a partir de 2005 demonstraram que níveis excessivos de ômega 6 em relação aos ômegas 3 estão associados a ataques cardíacos, artrites, osteoporoses, depressão e mudanças de humor, obesidade e câncer. O excesso de ômega 6 está na base de múltiplas patologias. A doutora de origem grega Artemis P. Simopoulos publicou, em 2002, que não apenas é importante ingerir ácidos graxos essenciais, como é ainda mais crucial fazê-lo em uma proporção adequada entre o ômega 6 e o ômega 3. Os seres humanos evoluíram consumindo-os em uma proporção de 1:1, mas nas últimas décadas, devido ao auge do consumo de carne e de produtos processados, essa proporção se elevou a 10:1 nas dietas ocidentais – nos Estados Unidos pode chegar à proporção de 30:1. Foi demonstrado que diminuir a proporção contribui para prevenir doenças cardiovasculares, asma, artrite reumatoide e câncer colorretal.

O leite materno contém DHA – quando a mãe o ingere previamente –, que é vital para o desenvolvimento neuronal e cerebral do lactante, embora também se recomende a ingestão deste ácido graxo pela mãe no período de gestação. Mas o DHA não é apenas vital na infância; começam a surgir estudos que vinculam níveis adequados de ômega 3 a uma probabilidade significativamente menor de desenvolver demência e Alzheimer. Por outro lado, níveis baixos de DHC em idosos são associados a um aumento das possibilidades de redução cognitiva acelerada. O cérebro é altamente dependente deste ácido graxo, e baixos níveis do mesmo foram relacionados a depressão, deterioração cognitiva e outros transtornos. Até mesmo pacientes com déficit de memória, depois de ingerir um grama diário de DHA durante seis meses, melhoraram sua memória. Por outro lado, pacientes diagnosticados com Alzheimer, depois de ingerir suplementos de ômega 3 desenvolveram a doença de forma mais lenta. O DHA também foi apontado como a fonte principal de neuroprotectina, substância envolvida na sobrevivência e reparação das células do cérebro.

Ingerir óleo de peixe diariamente tem efeitos saudáveis e benéficos em muitos níveis. Inclusive se observou, em um estudo publicado em 2010 pelo professor Farzeneh-Far, da Universidade de Illinois, uma relação positiva entre níveis elevados de ômega 3 e a longitude dos telômeros.

Finalmente, os benefícios do óleo de peixe incluem a melhora da atenção no transtorno por déficit de atenção e hiperatividade. Os jovens que ingerem ômega 3 apresentam melhora em suas qualificações. Hoje, a Associação Americana de Psiquiatria – e diversos manuais de saúde mental – recomenda ingerir ômega 3 como medida de prevenção para deter o desenvolvimento de algumas doenças mentais – esquizofrenia, depressão, transtorno bipolar – e para o tratamento delas.

> Recomendo tomar um ou dois gramas de ômega 3 por dia. Existem inúmeros estudos que atestam os efeitos benéficos – antidepressivos e anti-inflamatórios – deste composto.

CAPÍTULO 9

SUA MELHOR VERSÃO

Para obter qualquer êxito ou triunfar na vida é preciso começar por algo que a princípio possa lhe parecer simples, mas que tem suas dificuldades quando a pessoa deseja realizá-la corretamente.

QUEM SOU EU?

Conhecer-se é o começo da superação. Para chegar ao processo interno de superação/transformação, costumo trabalhar com meus pacientes – e recomendo que você o faça – três passos:

1. ME CONHECER

Preciso saber quem sou. O que me caracteriza, o que é que mais me agrada em mim, o que menos... Sempre digo que há três facetas no processo de autoconhecimento:

- ✓ O que os outros percebem em mim: minha imagem.
- ✓ O que acho que sou: o autoconceito.
- ✓ O que sou de verdade: minha essência.
- ✓ O que mostro nas redes, na internet: minha *e-imagem*.

2. ME ENTENDER

Saber o que me levou a responder de uma determinada forma a certas situações, entender minha genética, meu passado, minha forma de me relacionar com outras pessoas – chefes, amigos, empregados, cônjuge... Volte à sua infância com cuidado. Evite terapias impossíveis nas quais acabe enfrentando suas origens! Quando você está consciente de suas limitações, barreiras, medos e entende de onde surgem, está avançando a passos de gigante em seu trabalho interno e em sua capacidade de administrar as emoções.

3. ME ACEITAR

Assimilar certas "coisas" que foram ou são assim e não podem ser modificadas, faça o que fizer.

É importante aceitar que você tem limitações, que comete erros e que pode se enganar. Não se vence na vida por não ter defeitos e imperfeições ou por não se equivocar, e sim por aprender a potencializar as faculdades e aptidões.

> Seus defeitos não têm por que prejudicá-lo se você os conhece e é capaz de neutralizá-los com sua força.

Os vitoriosos são aqueles que desfrutam do seu trabalho e são excelentes em alguma coisa específica. Não são diferentes de você, são pessoas que dedicam seu tempo a brilhar, a polir e a tentar potencializar suas capacidades focando em algo em que são boas ou de que gostam. Nem todos têm a sorte de trabalhar em algo que os encante, mas o homem feliz, de sucesso, o profissional que é capaz de liderar, ama o que faz e o faz bem. Diz um texto clássico: "Ame seu ofício e envelheça com ele".

> Talento + Paixão = Vocação

Se você pensar nas pessoas que admira profundamente, não importa seu campo de atuação – esportistas, empresários, jornalistas, líderes espirituais, escritores... –, perceberá que são indivíduos que se concentraram em alguma coisa e a fortaleceram. Não digo com isso que sejam boas em muitas "teclas", refiro-me a que souberam focar em algum ponto específico que os torna melhores do que o resto. Qualquer pessoa que você traga à sua mente agora mesmo – sim, qualquer uma! – está travando uma batalha interior em maior ou menor medida e sofreu para chegar aonde está.

Recordo que conheci há alguns anos, em uma conferência, um cantor estrangeiro muito famoso. Havia vendido milhões de discos e fazia shows para multidões em todo o mundo. Inspirava-me um pouco mais do que por suas simples canções e lhe disse isso. Eu era uma "grande fã" e me aproximei para lhe pedir uma foto. Era uma pessoa que no contato pessoal mostrava uma proximidade e uma atenção surpreendentes; perguntou por minha família, minha profissão... Quando comentei que era psicanalista, me disse:

– Fiz terapia durante muito tempo, tenho ataques de pânico em lugares com muita gente e às vezes até no palco. É minha luta diária, espero superar isso completamente algum dia.

Um cantor conhecido mundialmente com pânico de lugares lotados! Vi shows dele pelo YouTube e ao vivo; nunca me esqueci dessa conversa breve e sorrio pensando que, apesar de um medo tão atroz, aquele homem triunfa por onde quer que passe.

ROGER FEDERER

Federer é uma lenda vida, sem dúvida o melhor e mais elegante jogador de tênis da história. Quebrou todos os recordes em seu esporte e tem seguidores em todo o mundo. Em uma entrevista publicada em 2013 pelo jornal *Marca*, o jornalista disse: "Você sempre teve um grande serviço, um bom voleio, assim como uma variedade de *slices*. Seu ponto fraco parece ser o revés".

> "Eu tinha duas opções: potencializar minhas qualidades ou melhorar minhas debilidades. Se fizesse o segundo, me transformaria em um tenista muito previsível. No final, o que paga minhas contas são minhas virtudes. Não me vejo fazendo o que alguns fazem, passando mil bolas com o revés e tentando não falhar para melhorá-lo."

Portanto, o que é um líder? Todo líder precisa ter três qualidades: ter uma mensagem, saber transmiti-la e ser otimista a respeito dela.

Parece difícil achar alguém que inspire desta maneira. Os políticos que estão sempre presentes nos meios de comunicação, por exemplo, com frequência não sabem se comunicar e normalmente suas mensagens são ambíguas e calculadas, mudam de acordo com o público ao qual se dirigem e aquilo que lhes interessa mais. "Líderes" assim não têm valor para nós. As pessoas que marcam, que arrastam, são as que irradiam coerência, paz e felicidade.

SMV: SUA MELHOR VERSÃO

Uma vida bem-sucedida requer reflexão, conhecimento, trabalho, esforço, senso de humor... Tantas coisas! Coloquei em uma equação o que seria para mim a chave da SMV para a vida.

A SMV precisa, antes de tudo, de vontade de viver! Isso significa que, apesar das vicissitudes diárias, você lute sempre para ser o melhor que puder. Isto, logicamente, não se aprende em um livro, se aprende vivendo, desfrutando, sentindo e saboreando sua vida, mas, sobretudo, caindo e se reerguendo.

Você é o resultado das suas decisões. Tem que se dar conta de que suas decisões condicionam sua vida, que não deve se deixar levar.

$$\text{SMV} = (\text{Conhecimentos} + \text{Vontade} + \text{Projeto de vida}) = \text{Paixão}.$$

Já disse que você é o resultado de suas decisões; com a paixão adequada e a vontade exercitada e fortalecida, pode conseguir quase tudo a que se propuser. Digo "quase" porque existe um fator, vamos chamá-los de sorte, que nem sempre nos permite triunfar ou atingir nossos objetivos, por mais realistas que tenham sido. Mas, antes de mais nada, os riscos....

Como qualquer equação:

- ✓ Se faltarem os conhecimentos... Não há nada mais "perigoso" do que um tolo motivado e cheio de vontade!

- ✓ Se faltar a vontade... Você começará com esperança e conhecimento, mas se apagará em pouco tempo!

- ✓ Se faltar um projeto de vida... Você será escravo do imediato e da compensação instantânea!

- ✓ Se faltar paixão... Você nunca será um líder, nunca brilhará e contagiará os outros e (logicamente) evitará desfrutar de um envelhecimento saudável!

OS CONHECIMENTOS

> *A sorte favorece unicamente a mente preparada.*
> LOUIS PASTEUR

Sempre achei essa frase do cientista francês alentadora. Posteriormente, o escritor Isaac Asimov a reforçou para explicar que só aquele que se prepara, estuda e se exercita com vontade e afinco pode aspirar a ter sucesso na vida.

Isso, traduzido para o nosso campo, possui uma força enorme. Talvez a sorte – ou a providência! – venha ao nosso encontro, mas não sejamos capazes de percebê-la ou interpretá-la corretamente. A sorte favorece a quem está preparado e formado, a quem adquiriu destreza e conhecimentos suficientes para aproveitá-la quando chegar... se chegar... Todos contamos com uma ferramenta poderosa para atingir nossos objetivos:

nossa capacidade de adquirirmos cultura e estudar. A chave é: você está disposto a aprender?

Na terapia usamos a "biblioterapia". Por um lado, recomendamos livros de ajuda psicológica de certo nível que o ajudam a entender o que está acontecendo com você ou sugerem como superá-lo... E, por outro, romances que o prendem e ajudam a sair dos pensamentos negativos ou estados emocionais tóxicos.

> Evite a telinha, as horas perdidas nas redes, os vídeos do YouTube. Sair na rua, o exercício e a leitura são poderosos antidepressivos e ansiolíticos.

A VONTADE

Não esqueça que sua melhor versão sobressai quando você se foca nas suas capacidades expostas com ordem, disciplina, constância e trabalho. Precisa aprender a deixar sua pele, a cada dia... de acordo com as capacidades que tenha.

O QUE É A VONTADE?

É a capacidade de adiar a recompensa e a gratificação instantânea. Uma pessoa com vontade tem uma visão longa da vida e é capaz de estabelecer objetivos concretos e de se aventurar a alcançá-los. A vontade requer determinação, decisão e tesão.

A diferença entre querer e desejar está nisso. O querer precisa de uma decisão sólida. O desejo procura a posse ou a gratificação de alguma coisa de forma imediata: uma refeição, uma bebida, um desejo sexual ou um impulso. Tem o componente da velocidade e preenche de forma momentânea a pessoa, mas não a engrandece. Pelo contrário, o "querer" procura um objetivo mais distante, que requer um plano concreto, bem desenhado e fazer esforços contínuos para chegar a atingi-lo. É mais pleno porque tal processo nos ajuda a crescer como seres humanos.

Ter uma vontade bem-educada é consequência de um trabalho pessoal sustentado com o tempo à base de esforço e renúncias, o que vai nos transformando em indivíduos fortes e consistentes, capazes de procurar não o mais fácil, mas o que é melhor para cada um. Não é genética, mas adquirida; não se nasce com ela, mas sim se conquista.

Vontade é determinação. Escolher uma direção concreta, tê-la pensado previamente, avaliar os prós e os contras e dar um rumo a essa meta. Um dos indicadores mais claros da maturidade da personalidade é ter uma vontade vigorosa. E, ao contrário, um dos sintomas mais evidentes da imaturidade da personalidade é ter uma vontade débil, frágil, quebradiça, que logo abandona a luta.

Este capítulo daria um livro inteiro. De fato, recomendo vivamente o livro *5 consejos para potenciar la inteligencia*.[23] A ordem, a constância, a perseverança e o esforço são os motores que impulsionam qualquer projeto ou empresa para a frente. Sem isso, as ideias, por melhores que sejam, acabam se diluindo e perdendo força.

> Ter uma vontade bem-educada nos leva à melhor versão de nosso projeto de vida.

ESTABELECER METAS E OBJETIVOS

As metas são estabelecidas a longo prazo, os objetivos, a curto. Dizia Sêneca: "Não existe vento favorável para quem não sabe aonde vai". Quem não tem um plano é escravo do imediato. Reage de acordo com os impulsos, as emoções e os sentimentos, e por isso – mais ainda em nossa sociedade – é tremendamente manipulável.

Algumas pessoas começaram seu projeto em condições bastante piores do que a suas, mas conseguiram chegar aonde queriam. Portanto,

---

23 *5 consejos para potenciar la inteligencia*, Enrique Rojas, 2016. Madrid: Temas de Hoy. (N. A.) Temas de Hoy é um selo da editora espanhola Planeta de Libros.

não tema mudar de metas e objetivos se for necessário para a sua saúde física, mental ou para melhorar sua relação conjugal, familiar ou suas amizades. Os hábitos e os costumes assentados em sua forma de ser têm uma influência enorme em sua vida. A pessoa resolve mudar de verdade nas crises sérias, pessoais, financeiras, familiares... ou na doença. Como bem disse o doutor Valentín Fuster, cardiologista do Mount Sinai de Nova York: "O melhor para parar de fumar é infartar".

> Deixe seu coração voar, trace um plano de ação e o execute.

O projeto de vida parte de ter um foco ao qual se agarrar e no qual se apoiar. Tenha um plano, seja realista e vá buscá-lo. Eu dizia no início do livro que poucas coisas fizeram tanto mal como a frase "vai acontecer quando você menos esperar". Isso nos leva a uma atitude passiva, à espera, muito perigosa... Talvez nunca chegue nada. Não tenha medo de ter ilusões, de imaginar alguma coisa grande, de traçar um plano e levá-lo a cabo! Ter um plano significa a satisfação pessoal de saborear as diferentes conquistas ou feitos que vão sendo alcançados. Aí, nesses pequenos passos, está a verdadeira felicidade. Não em se obcecar com uma meta! É fundamental saber reconduzir os planos conforme as circunstâncias... Caso contrário, a pessoa pode acabar profundamente frustrada diante do fracasso.

A PAIXÃO

> *É preciso dedicar mais tempo às coisas*
> *que nos fazem realmente felizes.*
> Anônimo

A paixão não soma, multiplica. Melhora as conexões neuronais, potencializa a neurogênese – produção de novos neurônios – e alonga os telômeros. Fomos criados para ser felizes, para transmitir esta felicidade aos outros e compartilhar as coisas boas da vida. Um dado interessante:

segundo estudos realizados na Clínica Mayo, a esperança de vida se reduz em até 19% nos pessimistas.

O que disse Pep Guardiola ao chegar ao Barça? "Dou minha palavra de que nos esforçaremos ao máximo. Não sei se ganharemos ou perderemos, mas tentaremos. Apertem os cintos. Vamos viver bem". E assim foi, durante anos desfrutamos – até mesmo os torcedores do Real Madrid! – de um futebol espetacular.

É possível aprender a ser otimista?

Definitivamente, sim. O psicólogo israelense Tal Ben-Shahar é o responsável pelo curso mais concorrido da Universidade Harvard, no qual ensina a ser feliz. Podemos aprender a ser positivos. É um trabalho lento, mas cheio de satisfação e de possibilidades para melhorar nossa saúde física e mental. O otimismo é uma forma de capturar o instante presente, já que, como temos insistido ao longo destas páginas, a felicidade não é o que nos acontece, mas como interpretamos o que nos acontece. As pessoas que chegaram mais longe na vida tinham uma visão otimista do mundo e das pessoas e sabiam comunicá-la aos outros. O otimista sabe ver um projeto, enquanto o pessimista sempre encontra uma desculpa para não começar.

> Como bem disse Murray Butler, há três tipos de pessoas: "as que fazem com que as coisas aconteçam, as que olham para as coisas que acontecem e as que se perguntam o que aconteceu". Quem é você?

NUNCA É TARDE PARA RECOMEÇAR. O CASO DE JUDITH, A ATRIZ PORNÔ

Conheci Judith ao concluir uma conferência sobre educação e resiliência em um colégio. Aproximou-se para falar comigo e me disse:

– Sou atriz, vi nas redes que você ia dar uma palestra neste colégio e vim. Não quero continuar vivendo. Não aguento mais. Vou me suicidar.

Gelei. Não sei muito de cinema, e menos do internacional – ela tinha um ligeiro sotaque estrangeiro. Perguntei seu nome, mas, nesse instante, a diretora do colégio se aproximou para me presentear um livro editado em comemoração ao 50º aniversário da instituição. Aproveitei esse momento para procurar seu nome no Google. Era uma atriz pornô e tinha mais de 1 milhão de seguidores nas redes sociais!

Aproximei-me de novo e lhe perguntei a razão de sua tristeza. Explicou que seu namorado da vida toda – se conheceram na juventude – a havia pedido em casamento. Ela o amava, embora com certas dúvidas: "Não sei se estou apaixonada... Não sei se sou capaz de me apaixonar!", mas sabia que não tinha futuro com ele. Disse-me:

– Ele quer que eu deixe o cinema, e estou disposta a fazê-lo... mas, se tivermos filhos... você me entende... se um dia eles forem se informar sobre minha vida na internet... eu não tenho futuro.

De forma delicada entramos, ainda ao lado do palco da conferência, no mundo da pornografia. Eu tratava o tema com extremo cuidado para evitar feri-la e ela percebeu.

– Obrigada por não me julgar, preciso de ajuda... O que mais me preocupa é não poder apagar meu passado, minhas feridas, e recomeçar.

Marquei uma consulta para a primeira hora do dia seguinte. Passei a noite inteira pensando no assunto... e liguei para um conhecido que trabalhava na Polícia para perguntar se era possível trocar de identidade e quais eram os requisitos necessários.

Na manhã seguinte tinha a informação necessária. Sua mãe era estrangeira e seu pai espanhol, e ela tinha dupla nacionalidade. Conversamos sobre a possibilidade de mudar de nome, embora ela já usasse um pseudônimo em seu trabalho. Fomos perscrutando de forma cautelosa em seu passado. Em como havia filmado em diversos países, encostando em alguns momentos no mundo da prostituição de luxo e das drogas. Havia muitas feridas profundas para curar.

Ela permitiu que eu me aprofundasse em sua biografia. Com muito cuidado fomos mergulhando em sua infância, no abandono de sua mãe, no alcoolismo de seu pai e no suicídio dele. Aos 10 anos de idade foi vítima de abuso sexual por parte de um parente próximo... Aos 18, já uma bela garota, atraía os rapazes. Foi aí que conheceu Raúl, seu namorado de sempre. Ela não queria nada sério, mas ele lhe declarou amor eterno no primeiro dia e prometeu que iria esperar por ela.

Pouco depois, a convidaram para trabalhar como modelo em outro país e ela aceitou. Precisava de dinheiro... À noite ia a festas. Foi então que entrou em contato com as drogas e a prostituição de luxo. Pagavam bem. Ela parou de sentir. À noite chorava, sem lágrimas, com um vazio interior cada vez mais forte. Raúl, que conhecia a situação, a procurava, tentava tirá-la daquilo, mas sem sucesso. Dava-lhe livros, lhe enviava conferências gravadas para que ela ouvisse falar sobre a superação, a dor e o trauma.

Depois de várias semanas de terapia, estava mais tranquila. Foi fazendo todos os trâmites para mudar de vida e de aparência. Não tinha um rosto especialmente chamativo e com pouco esforço modificou sua aparência.

Alguns meses depois, veio com Raúl ao meu consultório. Ele era um rapaz profundamente bom, a amava desde sempre e sabia que ela tinha um grande potencial, ferido pela vida que havia levado.

Há alguns meses recebi esta carta[24]:

Querida doutora:
Cheguei ao meu novo país. No fundo não é novo, minha mãe passou sua infância a 100 quilômetros de onde nos instalamos. Abri uma loja de roupas, está indo devagar, mas tenho muitas esperanças. Trouxe minhas economias e, se tudo correr bem, nos casaremos na próxima primavera. Recuperei a vontade de viver. Obrigada por sua ajuda! [...]

Nunca é tarde para recomeçar.

P.S.: Enviei seu contato a algumas companheiras de trabalho para que você também possa ajudá-las. Não lhes diga onde estou.

Um abraço carinhoso,
Judith.

---

[24] Pedi permissão a Judith para escrever sua história. Alterei os dados para proteger sua identidade. (N. A.)

NOTA DA AUTORA À 10ª EDIÇÃO

Querido leitor,

A Medicina, em geral, e a Psiquiatria, em particular, são muito vocacionais. Desde menina sentia vontade de ajudar ao próximo e dedicar minha vida e me formar com esse objetivo. O livro que está em suas mãos é fruto de anos de estudos, dezenas de artigos lidos, centenas ou talvez milhares de pacientes tratados com carinho, muita empatia e um constante trabalho de atualização.

A boa recepção que esta obra teve me alegra especialmente. Estou convencida de que cada pessoa que teve este livro em suas mãos tinha um propósito mais ou menos consciente: conhecer a si mesma. Precisamente este aforismo presidia o templo de Apolo em Delfos, epicentro da civilização grega, uma das raízes de nossa cultura ocidental. Entender-nos, compreender por que acontece com a gente o que acontece, é um trabalho titânico, mas também é o primeiro passo para alcançar o equilíbrio interior e reforçar as relações com aqueles que nos cercam.

Desde a publicação do livro recebi muitas mensagens de leitores felizes por terem avançado na difícil tarefa de se conhecer, o que os levou a melhorar suas vidas. Graças a este livro e a meus leitores, **graças a você**, descobri outra forma de pôr em prática minha vocação de ajudar ao próximo.

Espero que esta leitura, além de agradável, seja útil em sua vida e que coisas boas aconteçam com você.

AGRADECIMENTOS

Meu primeiro agradecimento é, sem sombra de dúvidas, para Jesus, por seu apoio incondicional e incansável. Sem ele, jamais teria conseguido escrever este livro. A Jesusín, por sua alegria constante; a Enrique, por incentivar meu lado resiliente em seu pior momento; a Javier, por me acompanhar da primeira à última página.

A meu pai, por ser meu mestre e guia na ciência da alma.

A minha mãe, por me mostrar que com esforço e paixão tudo é possível.

A Cristina, por sua entrega e companhia durante toda a vida.

A Isabel, por caminhar de mãos dadas comigo no mundo das emoções e neste trabalho profissional apaixonante de ajudar o próximo.

Aos professores e médicos que me formaram ao longo destes anos.

Aos meus pacientes, verdadeiros mestres, por me permitirem fazer parte de suas vidas em momentos difíceis e me alegrarem com suas recuperações.

Às editoras Planeta e Espasa por me darem a oportunidade de me dedicar a um livro que sempre quis escrever.

A Fernando, por sua paciência na revisão dos textos.

Finalmente, quero agradecer a Almudena e a Quique, unidos pelo Maior, por cuidar de mim e me acompanhar todos os dias.

REFERÊNCIAS

Alcaide, F. (2013), *Aprendiendo de los mejores.* Barcelona: Alienta Editorial.
Amen, D. G. (2011), *Cambia tu cerebro, cambia tu vida.* Málaga: Sirio.
American Psychiatric Association (2014), *DSM-5. Manual diagnóstico y estadístico de los transtornos mentales.* Madrid: Pan-americana.
Aron, E. (2006), *El don de la sensibilidad: las personas altamente sensibles.* Barcelona: Ediciones Obelisco.
Ben-Shahar, T. (2011), *La búsqueda de la felicidad. Por qué no serás feliz hasta que dejes de perseguir la perfección.* Barcelona: Alienta Editorial.
Bilbao, A. (2015), *El cerebro de los niños explicado a los padres.* Barcelona: Plataforma.
Blázquez, Luis (2018), *Enfocar la atención. El trampolin para el crescimiento personal.* Madrid: Ediciones Teconté.
Bullmore, E. (2018), *The inflamed mind.* Londres: Shortbooks.
Carnegie, D. (2013), *Cómo ganar amigos e influir sobre las personas.* Buenos Aires: Sudamericana.
Carr, N. G. (2008), *"Is Google making us Stupid?".* The Atlantic, julho-agosto.
Cymes, M. (2017), *Mima tu cerebro.* Barcelona: Planeta.
Cyrulnik, B. (2016), *Los patitos feos. La resiliencia, una infancia infeliz no determina la vida.* Barcelona: Gedisa.
Dyer, W. (2014), *Tus zonas erróneas.* Barcelona: Grijalbo.
Frankl, V. E. (2015), *El hombre en busca de sentido.* Barcelona: Herder.
Goleman, D. (1996), *Emotional Intelligence: Why It Can Mater More Than IQ.* Nova York: Bantam Books.
González-Alorda, A. (2011), *El talking manager. Como dirigir personas a través de conversaciones.* Barcelona: Alienta Editorial.

L'Ecuyer, C. (2013), *Educar en el asombro*. Barcelona: Plataforma.
Mam, S. (2006), *El silencio de la inocencia*. Barcelona: Destino.
Pert, C. B. (2012), *Molecules of Emotion*. Nova York: Scribner.
Puig, M. A. (2012), *Reiventarse*. Barcelona: Plataforma; (2017) *Tómate un respiro! Mindfulness*. Barcelona: Espasa.
Rojas, E. (2011), *El amor, la gran oportunidad*. Madrid: Temas de hoy; (2012), *Adiós, depresión*. Madrid: Temas de hoy; (2012), *No te rindas*. Madrid: Temas de hoy.
Rotella, B. (2017), *Cómo piensam los campeones*. Madrid: Ediciones Tutor.
Seligman, M. (2017), *Aprenda otimismo. Haga de la vida una experiencia maravillosa*. Madrid: Debolsillo.
Sonnenfeld, A. (2015), *Educar para madurar*. Madrid. Klose Ediciones.
Spitzer, M. (2013), *Demencia digital*. Madrid: Ediciones B.
Tolle, E. (2009), *Praticando el poder del ahora*. Madrid: Gaia.
Wiesenthal, S. (1998), *Los limites del perdón*. Barcelona: Paidós Ibérica.

Este livro foi concluído em 13 de junho de 2018, dia de Santo Antônio de Pádua.

**Acreditamos
nos livros**

Este livro foi composto em ITC New
Baskerville e impresso pela Geográfica para a
Editora Planeta do Brasil em maio de 2021.